工业和信息化部"十二五"规划教材

SHUISHENG XINXI WANGLUO JICHU

水声信息网络基础

赵瑞琴　申晓红　姜　喆　编著

西北工业大学出版社

【内容简介】 本书系统地介绍水声信息网络的基本理论和组网方法。全书共 8 章,具体内容包括水声信息传输、水声信道的传播特性、水声网络的基本构成与协议体系、水声网络物理层中常用传输方法、水声网络的多址接入方法、组帧与链路差错控制、自动请求重传协议、水声网络中逻辑链路控制技术、网络路由的基本方法、典型水声网络路由协议、水声网络仿真、水声信息网络在海洋探测、监测与观测方面的应用技术以及水声网络节点定位等内容。本书旨在分析海洋声信道特性的基础上,系统深入地阐述水声信息网络的基本理论和方法,使读者在系统掌握水声信息网络的基本原理和框架的基础上,广泛了解水声信息网络的组网新方法和新技术。

本书适合作为高等学校信息工程、通信工程、水声工程、船舶与海洋工程等相关专业高年级本科生或研究生的教材,也可作为水声信息领域技术人员和科研人员的参考书。

图书在版编目(CIP)数据

水声信息网络基础/赵瑞琴,申晓红,姜喆编著. —西安:西北工业大学出版社,2017.6
ISBN 978 - 7 - 5612 - 5379 - 3

Ⅰ.①水…　Ⅱ.①赵…②申…③姜…　Ⅲ.①水声通信—信息网络　Ⅳ.①TN929.3

中国版本图书馆 CIP 数据核字(2017)第 147324 号

策划编辑:杨　军
责任编辑:王　静

出版发行:西北工业大学出版社
通信地址:西安市友谊西路 127 号　　邮编:710072
电　　话:(029)88493844　88491757
网　　址:www.nwpup.com
印　刷　者:兴平市博闻印务有限公司
开　　本:787 mm×1 092 mm　　1/16
印　　张:8.75
字　　数:209 千字
版　　次:2017 年 6 月第 1 版　　2017 年 6 月第 1 次印刷
定　　价:29.00 元

前　言

海洋科技大发展,催生了以水声通信和网络技术为基础的水声信息网络技术。在海洋环境监测、海洋资源开发、海洋灾害预报、辅助导航、分布式战术预警及水下目标探测等方面,水声网络有着非常光明的应用前景。可以预见,水声信息网络将成为经济发展和国家战略安全的强大推动力,对人们的生活方式和社会的发展变革将会产生重大和意义深远的影响。

本书的宗旨是在分析海洋声信道特性的基础上,系统深入地阐述水声信息网络的基本理论和方法,使读者对水声信息网络的基本原理和框架有广泛的理解,对水声信息网络的组网新方法和技术有所涉猎。这些原理包括水声信息网络的组网理论方法,对其进行分析的方法和工具,以及设计水声信息网络系统时利弊的权衡与深入理解。

全书共8章。第1章概括介绍水声信息网络的基础知识,包括水声信息传输、水声网络的基本构成、网络分层协议体系及跨层设计,最后阐述水声信息网络的研究与发展。在第2章阐述水声信道的传播特性,主要包括海水中的声速与多径传播、声传播的多普勒效应与起伏效应、声信道的时变与空变性等内容。第3章讲述水声信息网络物理层中常用传输方法,涉及单载波调制方法、均衡技术以及扩频技术等内容。第4章讨论水声信息网络的多址接入方法,分析网络中多个用户如何高效共享一个物理链路资源的方法,涵盖网络时延模型、固定多址接入协议、随机多址接入协议和基于预约方式的多址接入协议等。第5章讨论链路层如何形成一条可靠的链路通道,为高层提供更为可靠的数据传输服务,其主要内容包括组帧技术、链路差错控制、自动请求重传协议、流量控制以及水声信息网路中逻辑链路控制的一些新方法。第6章讨论网络路由的基本方法,按照不同的分类依据对路由协议进行分类,最后讨论针对水下环境特点而设计的典型水声信息网络路由协议。第7章是水声信息网络仿真,介绍两种常用的网络仿真软件,重点讲述如何利用仿真软件完成对水声信息网络的建模与性能分析。第8章对水声信息网络的应用,尤其是近10年的新技术、新进展进行简要的介绍;简述水声信息网络在海洋探测、监测与观测方面的应用情况;最后介绍几种水声信息网络应用的关键技术及研究热点,包括网络数据融合、水声信息网络节点定位和水声信息网络的最优布放等内容。

本书是国内第一本关于水声网络的教材,也是工业和信息化部"十二五"规划教材,本书的出版得到国家自然科学基金(61571367)和教育部高等学校博士点基金的资助。本书是在介绍基本原理的基础上,根据当前水声信息网络的最新发展动态,结合8年来的教案和教学经验撰写而成的,其中部分内容在西北工业大学研究生班进行了试用。本书可作为高等学校信息工程、通信工程、水声工程等专业的本科生教材,也可作为通信与信息系统与水声工程硕士研究生的教材,以及其他从事水声信息网络研究人员的参考书。

本书由赵瑞琴编写第1,4,6,7章和附录,申晓红编写第2,5,8章,姜喆编写第3章。全书由赵瑞琴修改定稿。参与编写工作的还有白卫岗、王鑫、李保军、赵晓博、王亚祥、刘孟杰和李淼等。选修西北工业大学"水声通信组网技术"课程的部分硕士研究生也协助进行了校对工作,在此表示感谢。

全书承西北工业大学黄建国教授、厦门大学许肖梅教授仔细审阅并提出了许多宝贵意见,谨致以衷心的感谢。感谢西北工业大学航海学院与工业和信息化部"海洋声学信息感知"重点实验室"深水信息感知"研究团队的支持。

由于水平有限,书中难免存在疏漏与差错,敬请读者批评指正(E-mail:rqzhao@nwpu.edu.cn)。

赵瑞琴

2016年9月

目　　录

第 1 章　水声信息网络概论 ………………………………………………………… 1

  1.1　水下信息的传输 ……………………………………………………………… 1

  1.2　水声网络 ……………………………………………………………………… 4

  1.3　网络分层协议体系及跨层设计 …………………………………………… 7

  1.4　水声信息网络的研究与发展 ……………………………………………… 11

  参考文献 ………………………………………………………………………… 12

第 2 章　水声信道传播特性 ……………………………………………………… 14

  2.1　水声信道中的带宽与频率 ………………………………………………… 14

  2.2　海水中的声速与多径传播 ………………………………………………… 19

  2.3　多普勒效应及时变特性 …………………………………………………… 22

  2.4　水声信道统计特性 ………………………………………………………… 25

  2.5　水声信道传输的多样性 …………………………………………………… 27

  参考文献 ………………………………………………………………………… 28

第 3 章　水声网络的物理层传输 ………………………………………………… 29

  3.1　单载波数字调制 …………………………………………………………… 29

  3.2　均衡技术 …………………………………………………………………… 35

  3.3　扩频技术 …………………………………………………………………… 41

  参考文献 ………………………………………………………………………… 46

第 4 章　水声网络的多址接入 …………………………………………………… 48

  4.1　概述 ………………………………………………………………………… 48

  4.2　网络时延模型 ……………………………………………………………… 49

  4.3　固定多址接入 ……………………………………………………………… 51

  4.4　随机多址接入 ……………………………………………………………… 56

  4.5　预约多址接入 ……………………………………………………………… 61

  4.6　不同的多址接入策略的结合 ……………………………………………… 67

  参考文献 ………………………………………………………………………… 68

第 5 章　水声网络的逻辑链路控制 ·· 69

　　5.1　概述 ··· 69

　　5.2　组帧技术 ··· 69

　　5.3　链路差错控制 ·· 73

　　5.4　链路流量控制 ·· 80

　　5.5　水声网络逻辑链路控制新方法 ·· 82

　　参考文献 ·· 83

第 6 章　水声网络路由 ·· 84

　　6.1　概述 ··· 84

　　6.2　无线网络路由 ·· 84

　　6.3　路由协议分类 ·· 85

　　6.4　典型的水声网络路由协议 ·· 88

　　参考文献 ·· 94

第 7 章　水声网络仿真 ·· 96

　　7.1　概述 ··· 96

　　7.2　常用的网络仿真软件 ·· 96

　　7.3　基于 OPNET 的水声信道仿真建模 ·· 98

　　7.4　水声网络仿真实例 ··· 100

　　参考文献 ··· 114

第 8 章　水声信息网络的应用技术 ·· 115

　　8.1　水声信息网络的应用 ·· 115

　　8.2　水声信息网络的应用新技术 ·· 122

　　参考文献 ··· 130

附录　英文缩写对照表 ·· 131

第1章 水声信息网络概论

海洋是生命的摇篮,是人类赖以生存的基础。广袤的海洋给人类提供了各种丰富的资源,被誉为人类的未来粮仓。面对能源危机、资源紧缺等日益突出的全球性问题,人们通过探索海洋奥秘,积极地开发和利用海洋资源,海洋时代已经来临。然而,海洋也时常发脾气,风暴潮灾害、巨浪灾害、海冰灾害、海雾灾害、大风灾害及地震海啸灾害等突发性自然灾害,不仅威胁海上及海岸安全,有时还危及沿海地区与国家的经济和人民生命财产的安全。

海洋时代的到来,催生了以水声通信和网络技术为基础的水下信息网络技术。在海洋灾害预报、海洋资源开发、海洋环境监测、水下搜救、辅助导航及水下目标探测等方面,水下信息网络尤其是水下无线声网络,即水声信息网络有着非常光明的应用前景。可以预见,水声信息网络将成为经济发展和国家战略安全的强大推动力,对人们的生活方式和社会的发展变革将会产生重大和意义深远的影响。

本书讨论水声信息网络的组网技术。为了便于读者学习各章内容,本章将概括介绍相关的基础理论与方法,包括水下信息传输、水声信息网络的基本构成、网络分层协议体系以及水声信息网络的研究与发展。

1.1 水下信息的传输

水下信息传输是人类探索海洋、利用海洋必不可少的信息交互方式。例如,浮标与水下传感器、水面舰艇与潜艇、潜艇与潜艇、潜艇与水下无人航行器(Unmanned Underwater Vehicle, UUV)或自主水下航行器(Autonomous Underwater Vehicle, AUV)、母舰与蛙人、蛙人与蛙人之间的信息交流都离不开水下信息的传输。对于水下传感器网络、UUV网络等水下网络的构建而言,水下信息传输更是其基石。

信息在水下传输分为有线传输和无线传输两种方式。有线传输通过水下电缆或光缆实现,具有信号稳定、抗干扰能力强等优点,但水下线缆不仅价格非常高,而且在水下铺设线缆投资巨大,施工艰难,且存在线缆难以移动的问题,这些因素限制了水下有线信息传输的发展及应用。无线传输方式投资小、方便灵活、且不受空间位置的限制,从而成为水下信息传输的重要方式。本书重点讨论水下信息的无线传输与交互。

1.1.1 水下信息的传输媒介

就目前人类对自然界的探索与认知水平而言,能够作为水下信息传输媒介的主要有电磁波、光波和声波三种。

电磁波作为信息传输媒介,其优点在于传播速度非常快。然而,在采用无线方式进行传输时,海水对电磁波的吸收作用很强,电磁波在水中的衰减程度与其频率相关,频率越高,衰减越大。例如,在几十到几百赫兹超低频段,电磁波可以在水中传播较远的距离,但必须要求非常大的发射天线和高的发射功率;而在几百兆赫兹以上的高频段,电磁波在水中的传播距离小于 10 m。因此,海水的传导特性造成巨大的传播损失,从而严重限制了通信距离,这是电磁波在水下作为信息传输媒介的主要缺陷。

光波作为传输媒介的主要优点也在于其传播速率较高,然而这种信息传输方式也存在很多问题。第一,光信号在海水中的吸收损失非常大;第二,海洋中悬浮颗粒和浮游生物引起的光散射非常严重,光波因散射问题在水中会引起很大的衰减;第三,浅海区域具有很强的背景光噪声,从而对光波通信的性能造成很大的影响。

利用声波作为信息传输媒介是目前水下无线通信的主要方式,这是因为声波在海水中的吸收损失相对较小。声波已被认为是解决长距离水下信息传输最有效的载体。电磁波和光波在海水中的传输衰减严重、传导性很差,而声音在海洋中有很强的传播能力。实验表明,几千克 TNT 炸药的爆炸声,能够在海洋中 6000 km 的距离处被接收到。

表 1-1 中对三种无线通信媒介的主要特点进行了对比[1]。从表中可知,声波在水下作为信息传输的媒介虽然存在传播速度很低且带宽非常有限的问题,但是其传播距离明显大于其他两种无线通信方式,用声波作为信息传送载体是目前海洋中实现中长距离无线通信的唯一有效手段。因此,目前绝大多数水下无线通信系统采用水声通信方式。

表 1-1 三种物理波水下通信特点对比

物理波 参数	电磁波	光波	水中声波
传播速度	约为 3×10^8 m/s	约为 3×10^8 m/s	约为 1500 m/s
功耗	约为 28dB/(km·(100 MHz)$^{-1}$)	∞浊度	>0.1dB/(m·Hz^{-1})
可用带宽	MHz 量级	10～150 MHz	kHz 量级
频段	MHz 量级	$10^{13} \sim 10^{15}$ Hz	kHz 量级
通信距离	约为 10 m	10～100 m	km 量级
数据率上限	10 Mb/s	1 Gb/s	100 kb/s
收、发设备尺寸	约为 0.5 m	约为 0.1 m	约为 0.1 m

水声信道是一个随时间和空间均发生变化的复杂信道,并且信道传播特性会受到严重的传播损失、噪声、多径和多普勒频移等因素的影响,水声信道具有传播时延长,信道带宽窄和数据传输错误率高的特点,这也决定了水声信道与空中无线信道存在着显著的区别[2]。水声信道具体传输特性包括以下几个方面:首先,声信号在水中的传播平均速度为 1500 m/s,相应的传输延时约为 0.67 s/km,相比电磁波在空中以 3×10^8 m/s 的速度传播,其传播速度整整低了 5 个量级,这将导致水声网络中节点间的数据传输延时长,从而会降低网络性能。其次,声信号的传播速度随着海水的深度、温度、盐度等因素的变化而变化,这将导致信号到达时间的误估计,对很多网络协议的设计产生较大的影响;此外,水声信道受到严重的多径效应与多普勒频移的影响,声链路中断时续,且信道速率远低于水上无线电通信所提供的速率。最后,水

声信道的传播损失随信号频率和通信距离的增加而迅速增加,这使得信道带宽成为通信距离的函数,通信距离在 10～100 km 时带宽只有几千赫兹,当通信距离在 100 m 以内时带宽可在 100 kHz 以上。

总之,水声信道的传播损失、海洋噪声、多径效应以及多普勒频移等因素最终将影响水声通信数据传输的可靠性,因此水声信道的传输特性总体可以归纳为传播时延长、信道带宽窄和传输不可靠三个方面。而水声信道复杂的时变与空变特性使水声信道具有与水上无线电信道截然不同的特性,因此水上无线网络的组网方法无法直接应用于水下信息网络。

1.1.2　水声通信及其性能指标

为了在信息传输的有效性与可靠性两方面获得较好的性能,现有的水声通信系统大多是以数字通信的形式出现,其系统框图如图 1-1 所示。具体包括信源、信源编码与解码、加密与解密、信道编码与解码、调制与解调、水声信道与噪声等。

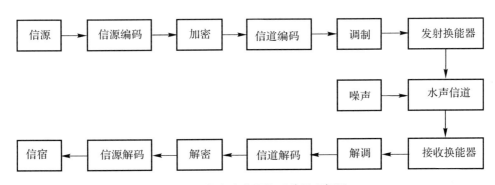

图 1-1　数字水声通信系统原理框图

各部分功能如下:

(1)信源与信宿。信源产生图像、声音、数据等信息,分为模拟信源和数字信源。数字通信只能传输数字信号,当信源产生的是模拟信号时,需模/数转换为数字信号。信宿即接收端,所接收到的为最终信息。

(2)信源编码与解码。信源编码的基本目的有两个:一是提高信息传输的有效性,即通过某种压缩编码技术设法减少码元数目,降低传输对码元速率的要求;二是完成模/数转换。解码是编码的逆过程。

(3)信道编码与解码。经信源编码后的数字信号抗干扰能力弱,在信道中传输时易受到噪声干扰产生差错。为增强抗干扰能力,必须对传输的码元信息按一定的规则加入冗余度,以便接收端的信道译码器按相应的逆规则去发现或纠正信号在传输中发生的错误,提高通信系统的可靠性。

(4)加密与解密。加密适用于需要实现保密通信的情景。为了保证所传信息的安全性,人为地将被传输的数字序列扰乱,即加上密码。在接收端利用与发送端相反的处理过程对收到的序列进行解密,恢复出原来的信息。

(5)数字调制与解调。数字调制是把数字基带信号频谱搬移到高频处,形成适合在信道中传输的带通信号。水声通信中常用的数字调制方式有相移键控(PSK)、频移键控(FSK)和正交幅度调制(QAM)。接收端可以采用相干或非相干解调还原数字基带信号。

(6)发射/接收换能器。水声发射换能器将电信号转换为声信号,并辐射出去。接收换能器将接收到的声信号转换为电信号。

通信的任务是快速、准确地传输信息,因此传输信息的有效性和可靠性是通信系统最主要的性能指标,这两者是既相互矛盾又相互联系的,且通常是可以互换的。有效性是指在给定信道上单位时间内所传输的信息内容的多少,衡量数字通信的有效性的主要性能指标是传输速率、频带利用率;可靠性是指接收信息的准确程度,衡量数字通信可靠性的主要指标是错误概率,而这与接收端的信噪比(SNR)有关。

符号传输速率 R_B(Baud)为单位时间内传输符号的数目。若一个符号周期为 T,则 $R_B = 1/T$。

比特传输速率 R_b(b/s)为单位时间内传输信息量(比特)。若一个符号周期为 T,且为 M 元调制,则 $R_b = \dfrac{\log_2 M}{T}$ b/s。

频带利用率 R_b/W((b/s)/Hz,W 为接收机的带宽):在比较不同调制方式的通信系统时,单看传输速率是不够的,还应看在这样的传输速率下,所占的信道频带宽度。因此真正衡量数字通信系统传输效率的指标为单位频带内的传输速率。

$$符号错误概率\ P_B = 错误符号数/传输总符号数$$
$$比特错误概率\ P_b = 错误比特数/传输总比特数$$

SNR 与比特 SNR 的关系:若一个符号的能量为 ε_s,则 1 比特信号的能量为 $\varepsilon_b = \varepsilon_s/\log_2 M$。一个符号的平均功率为

$$P_s = \frac{\varepsilon_s}{T} = \frac{\varepsilon_s R_b}{\log_2 M} = \varepsilon_b R_b \qquad (1-1)$$

接收机的噪声功率为

$$P_N = N_0 W \qquad (1-2)$$

其中,N_0 为加性噪声的平均功率谱密度。信噪比为

$$SNR = \frac{P_s}{P_N} = \frac{\varepsilon_b R_b}{N_0 W} = \frac{\varepsilon_b}{N_0} \frac{R_b}{W} \qquad (1-3)$$

其中,ε_b/N_0 为比特 SNR。从式(1-3)可看出,SNR 为比特 SNR 与频带利用率之积。

1.2　水　声　网　络

水面和空中通信广泛采用的电磁波或光波辐射形式在水中的传播距离很短,水下无线通信主要采用声波来传播信息。因此,目前水下信息网络大多以水声网络(Underwater Acoustic Networks,UAN)的形式出现[2]。

水声网络[3]是由布放在海底至海面广阔水体中的节点(包括固定的传感器节点、水面船只、装载传感器的移动平台 AUV,UUV 和遥控式潜水器 ROV 等)和海面浮标节点以及它们之间的声链路组成的分布式、多节点、大面积覆盖水下三维区域的通信网络。利用水声网络,可实现对水下获取信息的进一步处理,并通过水声网络节点以中继方式将结果回传到陆基或船基的信息控制中心和卫星。

随着世界各国开发海洋和利用海洋步伐的加快,水声网络在民用水下工程以及军事防御等方面均有着重要的应用价值与意义,因此在以下领域引起了学术界和工业界的高度重视。

(1)数据采集。水声网络可用于采集各种海洋数据,如测算海流的速度,获取海水的温度、盐度等数据信息。例如,美国佛罗里达大西洋大学利用水下航行器协同传感器节点工作,对沿海水域进行自适应数据采样,验证了水声网络具有提高观察和预测海洋环境的能力。

(2)环境监测。海洋环境的变化越来越受到人们的关注。水声网络通过带有传感器的节点对水质的分析,可监测海洋的污染状况;通过对洋流和海风的监视,可检测气候的变化,提高天气预报的准确性;通过对鱼群或微生物的监测,可进一步了解人类活动对海洋生物的影响。

(3)资源勘探。水声网络有助于勘探各种海洋矿产资源、检测搜寻海底石油和天然气资源以及测定水下电缆的布放线路等。

(4)灾难预警。水声网络对海底地震带进行长期监测,当发现有异常地震活动情况,可及时发布海啸警报,通知沿海地区做好预防工作。

(5)导航辅助。水下传感器节点可用来识别暗礁和浅滩,辅助海上的船舶航行,也可引导海上搜救人员搜寻和打捞失事船只。

(6)军事警戒。利用水声传感器网络的快速部署和自组织的特点,可在海上战场部署水下警戒网,通过 UUV 和水下传感器协同工作,达到对战场进行实时监控和态势感知。

1.2.1　水声网络的基本构成

1. 水声网络节点及其特点

水声网络的基本单元是网络节点。对于不同的网络应用,水声网络节点的设计也各不相同,但是它们的基本结构是类似的。节点典型的硬件结构主要包括传感器、传感器接口电路、微处理器、存储器、水声 Modem、电池及电源管理电路。传感器和传感器接口电路负责采集目标区域的数据,将数据发送给微处理器。它主要负责对数据进行处理及控制整个传感器节点的操作;存储器存储采集的数据和其他节点要进行转发的数据;水声 Modem 负责与其他传感器节点进行通信和完成组网功能,实现交换控制信息和收、发采集数据;电池和电源管理电路为节点的各个模块供电。由于节点在水下工作,能量受限,为了更大限度地节省能耗,应尽量在硬件方面采用低功耗器件,并且电源管理电路要进行相应的节能设计,例如在没有通信任务时,切断水声 Modem 电源等,以获得更高的节能效果。

根据不同的应用需求,水声网络节点可以分成很多种类。如分析海水密度、温度、盐度以及各种化学成分的水质测量传感器;还有用于测量光谱的硫化物、硅酸盐传感器以及测量光辐射的量子传感器等。一般而言,水声网络节点具有以下特点。

(1)节点寿命有限。水下节点通常由电池供电,电池容量有限,而通过更换电池的方式补充能源在水下是不现实的,为此如何分配能量(或功率)来最大化网络寿命是水声网络面临的首要问题。

(2)移动性强。由于洋流、海浪和其他因素,大多数水声网络节点都存在不同程度的漂移或移动。AUV 和 UUV 节点本身就是移动性节点,节点的移动造成网络拓扑结构的不稳定,导致网络协议设计面临较大的困难。

(3)定位困难。水声网络中,除了漂浮于海面的节点外,大部分位于水面以下,而 GPS 由于电磁波信号在水下急剧衰减而在水下无法使用,为此水下节点的定位是个难题。再者,节点的飘移或移动给定位问题提出了更大的挑战。

(4)计算和存储能力有限。水下节点是一种嵌入式设备,要求它功耗低,这些限制必然导致其携带的处理器计算能力较弱,存储容量较小。

(5)可靠性低。水下环境恶劣,传感器节点容易遭受污垢或腐蚀,且人为维护困难,故节点可靠性较低。

2. 水声网络的分类与组成

水声网络有多种分类方式,根据监测或观测对象不同,可分为海洋环境监测网络、水下钻探网络、水下灾害预报网络、辅助导航网络、分布式战术预警网络及水下探测网络等。根据节点在水下空间布放的差异,水声网络可分为静态二维、静态三维和动态三维三种网络结构。其中,静态二维网络中节点被锚定在海底,传感器信息可以通过 AUV 定时收集或者直接发往浮在海面的基站,然后通过无线电与卫星、船舶或者陆基基站通信,最终将海底传感器信息传给用户。静态三维网络将带有气囊的水下节点锚定在海底,或者利用浮标将节点下降到不同的深度都可形成静态三维网络。动态三维网络由多个 AUV,UUV 等移动节点单独组成,或与固定节点形成混合三维网络。水声网络也可以根据网络节点密度和空间覆盖范围分类,将网络节点的覆盖空间与节点的通信范围相比较,若所有节点间都能直接通信,则为单跳网络;若空间进一步增大,源节点与目的节点需要增加跳数,形成多跳网络;若空间继续增大,原有的链路无法满足源节点与目的节点的通信,即网路中部分链路被切断,此时网络被称为中断容忍水声网络。

1.2.2 水声网络的特点

水声网络与空中无线传感器网络存在着共同之处,但由于海洋环境的特殊性,使得水声网络具有如下显著的特点。

1. 信道质量差

水声信道受传播损失和海洋噪声的影响严重,多径和多普勒效应明显,使得水声通信链路传输不可靠且链路中断现象时有发生,这是水声网络与空中无线传感器网络的重要区别之一。水声信道具有传播时延长、信道带宽窄和传输不可靠的特点,具有与水上无线电信道截然不同的特性,因此水上无线网络的组网方法无法直接应用于水声网络。

2. 电池能量有限

水下节点采用电池供电,能量有限且不易补充和更换。另外,相比于空中无线通信,水声通信要求更高的发射和接收功率以及更为复杂的信号处理技术,这些都需要消耗更多的电池能量,因此如何高效地使用能量,从而最大化网络的运行周期是水声网络设计的一项重点内容。

3. 稀疏网络

考虑到水下节点的高昂的造价与维护成本,且由于海洋范围大、面积广阔,水声网络中节点的部署一般具有稀疏性。

4. 自组织网络

水声网络通常布放在无基础设施的海域,传感器节点的位置不能预先确知,节点间的相邻关系也无法预先设定。因此,网络需具备自组织能力,节点通过分层协议和分布式拓扑控制算法协调各自的行为,可快速、自动地组成一个独立的网络。

5. 动态拓扑

水声网络的拓扑结构可能因多种因素而改变,如电池能量耗尽导致网络节点发生故障或失效;海洋环境变化引起水声通信链路时断时通;节点移动和新节点加入等也会使得网络拓扑结构发生改变,因此需要水声网络能够自动适应这种变化。

6. 可靠性要求高

水声网络通常部署在恶劣的海洋环境,传感器节点容易遭受污垢和海水侵蚀,因此要求节点硬件具有很强的防水性、抗压性和防腐蚀性。同时,由于水下节点不便于管理和维护,所以还要防止节点或监测数据被盗的现象发生。

1.3　网络协议体系及跨层设计

1.3.1　网络分层与协议体系

网络分层,即将整个网络的通信功能划分为若干层次,令每层各自完成一定的功能,且功能相对独立,通过层间接口与相邻层连接,并且要求每一层内部的改变应不影响其他层的功能。以现实生活中信件投递为例,如图 1-2 所示,假设位于 A 地的一位寄信人写了一封信,并通过邮政系统送给位于 B 地的收信人。可以看出,整个寄信与收信过程可以分为三层,其中,寄信人/收信人为最高层,邮局为第二层,车站为最底层。其中,每一层之间的一些事先的约定称为协议,如写信人与收信人事先约定使用中文通信就是一种约定。而在通信过程中,每一层使用下层提供的服务并向其上层提供服务,最高层则无需提供服务且使用较低层提供的服务,如邮局在整个通信过程中通过使用车站的运输服务,写成为写信人/收信人提供收件/派件服务。

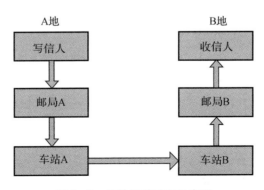

图 1-2　信件投递过程示意图

对网络进行分层的好处体现在以下几方面。

（1）灵活性好。当任何一层发生变化时，只要层间接口关系保持不变，则在这层以上和以下的各层均不受影响。此外，对某一层提供的服务还可进行修改。当不再需要某层提供的服务时，甚至可以将这层取消，更容易管理。分层使得各层间耦合度降低，不仅大大降低后续增加功能的成本，而且还利于各层功能的模块化与细化。

（2）各层之间独立。在各层间标准化接口，允许不同的产品只提供某一层的功能，某一层不需要知道它的下一层是如何实现的，而仅仅需要知道该层通过层间的接口所提供的服务。由于每一层只实现一种相对独立的功能，因而可将一个难以处理的复杂问题分解为若干个较容易处理的更小一些的问题。

（3）易于实现和维护。这种结构使得实现和调试一个庞大而又复杂的系统变得易于处理，因为整个系统已经被分解为若干个相对独立的子系统，大大减少了系统的复杂性。

（4）能促进标准化工作。因为每一层的功能及其所提供的服务都已有了明确的说明，较低的层为较高的层提供服务，层间的标准接口方便了工程模块化与标准化工作。

下面，我们分别对 OSI 协议体系、TCP/IP 协议体系以及无线网络常采用的简化网络协议体系这三种最重要和最常见的网络分层协议体系进行介绍。

1. 开放式系统互联体系结构

国际标准化组织将网络协议体系模型分为 7 个层次，并将其作为开发协议标准的框架，这一模型称为开放式系统互联（Open System Interconnect，OSI）模型，模型结构如图 1-3 所示。可以看出，OSI 模型由高至低包括应用层、表示层、会话层、传输层、网络层、数据链路层和物理层 7 层。下面分别对各层的主要功能进行简要介绍。

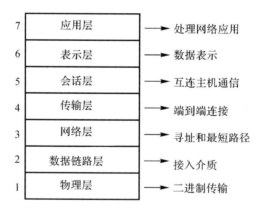

图 1-3 OSI 参考模型

第 1 层：物理层。物理层为在由物理通信信道连接的任一对节点之间，提供一个传送比特流的比特管道。在发射端它将从高层接收的比特流变为适合于物理信道传输的信号，在接收端再将该信号恢复成所传输的比特流。在这一层，数据还没有被组织，仅作为原始的位流或电气电压处理，单位是 bit。

第 2 层：数据链路层。数据链路层解决如何在不可靠的物理链路上进行数据可靠传递的问题，负责数据块（帧）的传送，并进行必要的同步控制、差错控制和流量控制。其中，帧是用来移动数据的结构包，它不仅包括原始数据，还包括发送方和接收方的物理地址以及检错和控制信息。其中的地址确定了帧将发送到何处,而纠错和控制信息则确保帧无差错到达。如果在传送数据时,接收点检测到所传数据中有差错,就要通知发送方重发这一帧。由于有了第 2 层的服务,其上层可以认为链路上的传输是无差错的。

第 3 层:网络层。网络层的基本功能是把网络中的节点和数据链路有效地组织起来,为高层(终端)提供透明的传输通路(路径),使高层的功能独立于用来连接网络节点的传输和交换技术。网络层通常解决路由选择、寻址和传输问题,它还包括不同长度分组的适配、连接的建立、保持和终止等。

第 4 层:传输层。传输层可以看作是用户和网络之间的"联络员"。它利用底 3 层所提供的网络服务向高层提供可靠的端到端的透明数据传送。它根据发送端和接收端的地址定义一个跨过多个网络的逻辑连接(而不是第 3 层所处理的物理连接),并完成端到端(而不是第 2 层所处理的一段数据链路)的差错纠正和流量控制功能。它使得两个终端系统之间传送的数据单元无差错,无丢失或重复,无次序颠倒。

第 5 层:会话层。会话层负责控制两个系统的应用程序之间的通信。它的基本功能是为两个协作的应用程序提供建立和使用连接的方法,而这种表示层之间的连接就叫"会话"。除此之外,会话层还可以提供一些其他服务,例如提供不同的通信类型(两个方向同时进行,两个方向交替进行,或单方面进行等),以及遇到故障时的通信恢复(同步)。即会话层除向高层提供连接外,还考虑了通信的规则和连续性。

第 6 层:表示层。表示层负责定义信息的表示方法,并向应用程序和终端处理程序提供一系列的数据转换服务,以使两个系统用共同的语言来进行通信。例如,在 Internet 上查询用户的银行账户,使用的即是一种安全连接。用户的账户数据在发送前被加密,在网络的另一端,表示层将对接收到的数据解密。除此之外,表示层协议还对图片和文件格式信息进行解码和编码。

第 7 层:应用层。应用层是最高的一层,直接向用户提供服务,它为用户进入 OSI 环境提供了一个窗口。应用层包含管理功能,同时也提供一些公共的应用程序,如文件传送、作业传送和控制、事务处理、网络管理等。应用层只使用其下面 6 层提供的服务,而它本身不再向上提供服务。

2. TCP/IP 协议的体系

TCP/IP(Transmission Control Protocol/Internet Protocol)协议族,即传输控制协议/因特网互联协议,是 Internet 最基本的协议,也是 Internet 国际互联网络的基础。TCP/IP 协议族定义了电子设备如何连入因特网,以及数据如何在它们之间传输的标准。TCP/IP 协议族将通信任务组织成 5 个相对独立的层次:应用层、传输层、互联网层、网络接入层、物理层。

3. 简化网络协议分层体系

一般的无线网络以开放系统互联模型 OSI 和 TCP/IP 协议族结构为基础,采用简化网络协议分层体系(见图 1-4)。简化网络协议分层体系是将 OSI 的上 3 层合并起来统称为应用层,而低 4 层保持不变的一种 5 层网络协议体系。简化网络协议分层体系中网络协议的研究重心在底 4 层,这符合一般无线组网的特点。

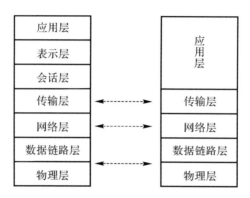

图 1 - 4 OSI 与简化网络协议分层的对应关系模型

结合海洋环境的特点,水声网络一般也采用这种 5 层简化网络协议分层体系[4],下面针对水声网络分别对底 3 层进行讨论。

1. 物理层

物理层主要涉及点对点链路上的比特传输,包含调制、编码、均衡、同步、自适应技术等。相比于电磁信道,水声信道载波频率低,可用带宽窄,多径效应与多普勒频移问题严重,被认为是最恶劣的无线信道之一,这严重制约物理层信道的选择和分配、发送功率、误比特率、信号编码调制方式、信道估计与均衡等。因此物理层的设计目标是以相对低的能量消耗,克服信道畸变与干扰,获得较大的链路容量。

2. 数据链路层

数据链路层由媒质接入控制(Medium Access Control,MAC)子层和逻辑链路控制(Logical Link Control,LLC)子层两个子层组成。其中 MAC 子层主要解决媒体接入控制问题,即 MAC 协议的设计。水下高时延、时延的动态变化、低带宽以及低能耗的要求,对水下 MAC 协议的研究带来了挑战。LLC 子层的功能包括组帧、链路差错控制及流量控制等。

3. 网络层

水声网络中网络层主要负责源节点到目的节点之间数据传输路径的确定,即完成路由的功能。现有的无线网络路由协议主要分为 3 种:表驱动路由协议、按需式路由协议和地理路由协议。表驱动路由协议不考虑网络中的业务流量等因素,会造成资源浪费;按需式路由协议只在必要的时候进行路由发现,负载小、节能,适用于移动性高而负载低的网络,然而出现路由失败,在水下环境中将导致很大的时延和高额开销;地理路由协议利用节点位置信息建立路由,能在一定程度降低路由开销,然而需要定位或时间同步信息。

由于水声网络面临的带宽有限、数据率低、节点电池容量有限、链路的间歇性中断、节点定位困难等挑战,水声网络协议的研究目前主要在底 3 层开展,对其他层的研究较少。

1.3.2 跨层设计

面对带宽有限、信号严重衰落的无线信道,传统的分层协议存在两大问题:首先是非最优,分层方法拒绝各层之间共享信息,而每层的信息都不是充分的,从而分层协议无法保证整个网络的性能最优化;第二个问题是不灵活,传统分层协议要求网络能在最坏的情况下运行,没有环境自适应能力。为此,在传统的严格分层协议体系下,水声网络的恶劣信道和节点移动性使得有限的频谱资源和功率资源难以进行有效利用,造成资源严重浪费。

跨层设计 (Cross Layer Design,CLD)[5]打破了传统的分层设计方法,同时考虑协议栈中的多个层,或者是联合设计,或者是在层间交换信息,将被割裂的网络各层作为统一的整体进行设计、分析、优化和控制,提高了无线网络的整体性能。根据层与层之间耦合方式的差别,CLD 分为以下 4 种方法。

(1)层间信息传递,在分层协议栈的基础上,构建新的层间接口,实现非毗邻层间的信息直接传递,提高不同层间信息交互的灵活性和协议执行效率。

(2)相邻层合并,即将毗邻的协议层融合为新的一个整体,提高信息交互能力,其中比较常见的是物理层和 MAC 层合并。

(3)耦合设计,又称联合设计,该方法将协议栈中的若干协议层综合考虑,以提高网络整体性能,与层间信息传递法不同的是,该方法没有创建新的协议界面。

(4)垂直校正,该法在大范围内校正协议层的参数,即最优化设计。

1.3.3　网络性能指标

在由任意物理链路构成的网络中,对每个用户而言,所关心的问题主要是如何将其消息快速而准确地传给其他用户。因此,与通信系统的性能指标类似,可靠性和有效性仍然是网络的主要性能指标。我们不仅要关心两个相邻节点之间链路的传输可靠性和有效性,而且还要关心同一种物理媒介网络中任意两个节点之间的链路的传输可靠性和有效性。此外,还要关心穿越不同物理媒介网络的任意两个节点之间的传输可靠性和有效性。

一般而言,衡量网络传输可靠性的指标为丢包率,即正确收到的数据包数与发送到网络中数据包总数的比值。网络传输的有效性,则可以从多方面进行评价,常采用有时延和吞吐量两个性能指标,其中时延是指从用户产生要发送的数据包到其被对方正确接收的时间间隔,而吞吐量为网络在单位时间内能够为用户正确传输的数据包的个数或数据的总长度。

可以看到,网络性能指标是从用户的角度提出的,是网络为用户提供传输服务时对服务质量的定量描述。需要指出的是,由于网络每一层所涉及的网络空间的差异性,网络各层的性能指标是略有差异的。比如,时延在数据链路层一般被具体表述为接入时延和链路时延,而在传输层,时延一般指端到端时延,即用户到用户之间的时延。

1.4　水声信息网络的研究与发展

水下网络最早出现在 20 世纪 50 年代,是固定在海底的,通过专用线缆相互链接的岸基网络,如美国的声监测系统(Sound Surveillance System,SOSUS)、分布式固定系统(Fixed Distributed System,FDS)以及苏联海洋监测系统(Soviet Ocean Surveillance System,SOSS)。1993 年美国最早提出水声网络的应用概念,并实行了一套完整的自适应海洋采样网络(Autonomous Ocean Sampling Networks,AOSN),它的目标是开发一个以 AUV 作为移动传感平台的智能水下采集网络。1994 年伍德霍尔海洋学研究所(Wood's Hole Oceanographic Institution WHOI)首先提出了水声局域网(The Acoustic Local Area Network，ALAN)的网络概念[6]，之后在美国加州建立了第一代 ALAN 网络，正式拉开了水声网络研究的序幕。水声局域网是由许多的海底节点通过声波在一个或多个海面浮标节点之间通信，这些浮标节点可以依次通过无线电波和岸上进行交互通信。这套系统于 2003 年 11 月末进行了海试，可用于采集并研究海洋地震脉冲。

可部署分布自主系统(Deployable Autonomous Distributed System，DADS)是由美国海军研究局发起的一个前瞻性研究计划。此计划的目标是开发一个水声网络来检测和跟踪水面的行船和水中目标，并验证建立一个协作检测和数据融合系统的可行性。DADS 固定部署在水深 50～300 m 的海底，传感器节点间距 2～5 km，使用水声 Modem 互连固定和移动节点，并采用先进的组网技术来完成给定的任务[7]。2006 年美国海军潜艇联合年会上所披露的 PLUSnet 计划，是一种半自主控制的海底固定节点和水中机动平台组成的网络化设施，由携带半自主传感器的多个 UUV 构成。UUV 之间能够彼此通信，并且能自主做出基本决策，履行多种功能，如对温度、水流、盐度及其他海洋元素进行采样，密切监视并预测海洋环境。

欧洲一些国家在海洋科学与技术(Marine Sciences and Technology，MAST)计划[8]的支持下，开展了一系列的水声网络的研究计划：浅海声通信网络(Shallow Water Acoustic Communication Network，SWAN)、浅海长距离稳健声链路(Long Range Shallow Water Robust Acoustic Communication Links，ROBLINKS)等。其中，SWAN 计划的目标是建立分集并对每一个仿真模型进行一系列的信号处理，包括均衡和仿真软件的评估等。ROBLINKS 研究并试验浅水中(20～30 m)长距离(>10 km)稳健通信的方案，其技术路线是开发最佳相关信号处理概念和算法，提高通信系统对环境变化的稳健性，并对算法进行海试验证。

目前，我国正逐步开展水声网络研究，包括中国科学院声学研究所、厦门大学、哈尔滨工程大学、华南理工大学和西北工业大学在内的诸多科研院所和院校对固定部署的水声网络、水下移动传感器网络、水下传感器网络和海洋立体监测网络等开展了近十年的研究与试验。2010 年"海洋科技大发展"列入国家发展战略，2014—2015 年国家自然科学基金委连续两年将水声信息网络研究列入国家自然科学基金优先资助重点领域，分别对"面向移动节点的水声传感器网络基础研究""分布式水声网络定位与探测基础研究"领域进行了大力的支持与重点资助。海洋是潜力巨大的资源宝库，也是支撑未来发展的战略空间。水声信息网络已成为目前水声学与信息学领域的研究热点，水声信息网络理论与技术将会为海洋科技大发展提供有力的理论支撑与技术推动。

参考文献

[1] Liu Lanbo，Zhou Shengli，Cui Junhong. Prospects and Problems of Wireless Communication for Underwater Sensor Networks[J]. Wireless communications and mobile computing，2008(8):977 - 994.

[2] Ethem M S，Milica Stojanovic，John G P. Underwater Acoustic Networks[J]. IEEE journal of oceanic engineering，2000，25(1):72 - 83.

[3] Daniel B. Kilfoyle，Arthur B B. The State of the Art in Underwater Acoustic Telemetry[J]. IEEE

journal of oceanic engineering,2000,25(1):4 - 27.

[4] Otnes R,Asterjadhi R,Casari P,et al. Under Water Acoustic Networking Techniques[J]. Springer Briefs in Electrical and Computer,2012.

[5] Vineet Srivastava, Mehul Motani. Cross－Layer Design:A Survey and the Road Ahead[J]. IEEE Communications Magazine,2005:112 - 121.

[6] Freitag L,Grund M,Singh S,et al. The WHOI Micro－modem:An Acoustic Communications and Navigation System for Multiple Platforms[J]. Proc. IEEE Oceans Conf, 2005.

[7] Rice J A. Undersea Networked Acoustic Communication and Navigation for Autonomous Mine－Countermeasure Systems[C]//International Symposium on Technology and the Mine Problem. Monterey:Naval Postgraduate School,2002.

[8] MAST. Marine Science and Technology Programme 1994－1998[EB/OL]. http://cordis. europa. eu/mast/src/project. htm.

第 2 章　水声信道传播特性

海洋及其边界形成了一个非常复杂的声传播介质空间,具有不均匀的内部结构和独特的上、下表面。在该介质空间中水声信道是声波信号传播的物理媒介。信道特性对于水声通信系统的设计和发展有着关键性的影响。由于水声通信中传输媒介、传播载体、自然条件、地理条件和各种随机因素都与基于电磁波传播的无线电通信有着很大不同,所以水声信道有许多不同于无线电信道的特性,较其更为复杂。从信息传输的角度来看,水声信道的特性主要有多径效应显著、传播时延大、传播损失是频率的函数、介质吸收和传播衰落严重、通信频带受限、多普勒影响显著等。这些因素极大地限制了水声信道的容量,对水声信息网络系统的有效性和可靠性提出了巨大的挑战。水声网络技术的一大重要工作就是围绕着如何克服恶劣的海洋水声信道进行的,而对信道特性的研究和信道数学模型的建立是分析和设计水声信息网络系统的基础。

2.1　水声信道中的带宽与频率

水声信道中的可用带宽取决于接收端的信噪比,而信噪比由发射声源级、传播损失和海洋环境噪声决定。

2.1.1　传播损失

海洋及其边界形成一个对声波传播非常复杂的介质。由于介质本身的吸收、声传播中波阵面的扩展、声线的弯曲以及海水介质的各种不均匀性造成的散射等原因,声波的强度在其传播方向上将会逐渐减弱。声强在海水中随着传播距离增加而减弱的因素主要包括扩展损失和衰减损失。

扩展损失是指声信号从声源向外扩展时有规律减弱的几何效应,又称为几何损失。对于无限均匀介质空间,扩展损失是球面扩展损失;对于非均匀有限空间,则是非球面扩展损失,损失大小与介质中的声速分布和介面条件有关。

衰减损失包括吸收、散射和边界损失。声吸收损失产生的原因通常是介质热传导、黏滞,还有驰豫过程等带来的声强损失。声散射是由于海洋介质中有浮游生物、泥沙以及气泡等悬浮粒子的存在。介质的不均匀性也会导致声波散射。另外,海水界面对声波的散射也可以归结为此类声衰减损失。边界损失是由于海面、海底等边界的存在而使边界上的能量发生泄漏造成的。

声波在声场中的平均传播损失可表示为

$$\mathrm{TL}=n\times10\lg r+\alpha r \tag{2-1}$$

式中,TL 为传播损失(dB),n 为传播因子,r 为传播声程(m),α 为吸收系数(dB/km)。

式(2-1)中第一项为扩展损失,n 由水声传播的几何特征所决定:声传播为理想球面扩展时,$n=2$;声传播为理想圆柱面扩展时,$n=1$。在实际水声信道中,n 介于 1 和 2 之间。第二项为衰减损失,由于吸收和散射引起的传播损失经常同时存在且难以区分,所以常同时考虑这两个因素。吸收损失是频率的函数,Thorp 给出的吸收系数 α 与频率 f(kHz)之间的经验公式为[1]

$$\alpha = \frac{0.1f^2}{1+f^2} + \frac{40f^2}{4100+f^2} + 2.75 \times 10^{-4} f^2 + 0.003 \qquad (2-2)$$

α 与 f 的关系如图 2-1 所示。由图中可看出,海水的声吸收随频率的升高而急剧增高。

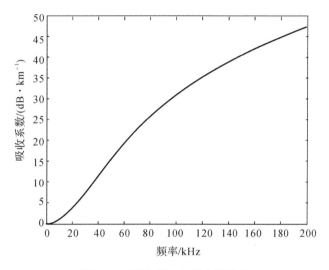

图 2-1　吸收系数与频率的关系

2.1.2　海洋环境噪声

海洋环境噪声是水声信道中的一种干扰信号,包括人为噪声和环境噪声。它是通信系统主要的背景干扰之一,对系统的性能有重要影响。噪声的大小直接影响了接收机信噪比,同时很大程度上决定了发射功率。

海洋环境噪声非常复杂,与海域位置、水听器位置、近区和远区的气象条件以及频率有关。海洋环境噪声在深海区和浅海区的产生因素和特征有很大不同。深海区噪声主要是由潮汐和波浪的海水静压力效应、地震扰动、海洋湍流、行船、海面波浪、热噪声、生物活动等因素引起的,而浅海区中的环境噪声除了具有深海噪声的噪声源外,人为噪声显著增加。由于人类活动频繁,船舶的起航停靠等使得港湾和航道附近有强的船舶噪声,港口码头的施工作业以及海水的涨落潮汐现象都会对水声通信系统造成影响。因此浅海环境噪声比深海环境噪声谱级要强得多。在 10 Hz~100 kHz 频率范围内,浅海噪声的功率谱比深海平均要高 10 dB,而且浅海噪声的特性比深海更不稳定。海洋环境噪声具有明显的随时间、空间变化的特性。此外,一些随机因素,例如海上降雨引起的噪声,对水声通信的影响也是不可忽视的。

海洋环境噪声一般可由 Wenz 模型进行描述[5],即

$$
\left.\begin{array}{l}
\mathrm{NL_{Turbulence}}=17-30\lg f \\
\mathrm{NL_{Shipping}}=40+20(D-0.5)+26\lg f-60\lg(f+0.03) \\
\mathrm{NL_{Wind}}=50+7.5w^{0.5}+20\lg f-40\lg(f+0.4) \\
\mathrm{NL_{Thermal}}=-15+20\lg f
\end{array}\right\} \tag{2-3}
$$

式中，$\mathrm{NL_{Turbulence}}$、$\mathrm{NL_{Shipping}}$、$\mathrm{NL_{Wind}}$ 与 $\mathrm{NL_{Thermal}}$ 分别是湍流噪声级、航运噪声级、海面噪声级与热噪声级，f 为频率（kHz），w 为海洋表面的风速（m/s），D 为水域航运密度。由以上各类环境噪声合成的总噪声级可以表示为

$$
\mathrm{NL}=10\lg(10^{\frac{\mathrm{NL_{Turbulence}}}{10}}+10^{\frac{\mathrm{NL_{Shipping}}}{10}}+10^{\frac{\mathrm{NL_{Wind}}}{10}}+10^{\frac{\mathrm{NL_{Thermal}}}{10}}) \tag{2-4}
$$

图 2-2（a）给出了 $D=0.5$（中等航运密度）、$w=5\ \mathrm{m/s}$（3 级海况）情况下各类环境噪声谱级及总噪声谱级；图 2-2（b）给出了不同航运密度、不同风速下环境噪声的总噪声谱级（参考声压 $1\ \mu\mathrm{Pa}$）。由图可知，航运密度对 1 kHz 以下低频端噪声谱级的影响较大，而风速对 1 kHz 以上高频端噪声谱级的影响较大。

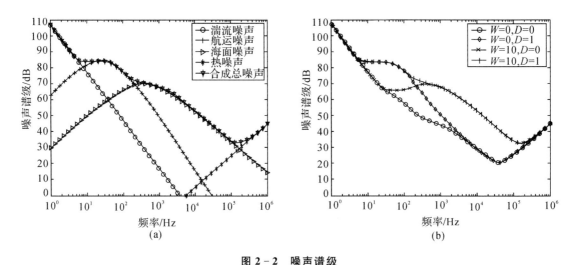

图 2-2 噪声谱级

（a）各类环境噪声的噪声谱级；（b）不同航运密度、不同风速总噪声谱级

文献[14]表明，在 $1\sim10$ kHz 频率范围内，实测的浅海环境噪声谱级基本上在 $40\sim70$ dB（参考声压级为 1 Pa·Hz）之间；3 级海况时深海的环境噪声谱级在 $50\sim70$ dB 之间，并且随着频率的降低环境噪声增大；1 kHz 以下的环境噪声谱级均在 70 dB 以上；与图 2-2（b）的结果一致。因此传输信号使用的载波频率的下限取 1 kHz。海洋中的噪声为高斯分布的连续谱，其声压的瞬时值的概率密度为[10]

$$
p(x)=\frac{1}{\sqrt{2\pi}\sigma}\mathrm{e}^{-\frac{x^2}{2\sigma^2}} \tag{2-5}
$$

2002 年 4 月，在中国南海海域进行了海洋环境噪声试验。对 10 s 采样率为 12 kHz 的噪声数据进行分析，结果如图 2-3 所示。图 2-3（b）中横轴是电压，纵轴是在相应电压上噪声出现的次数。试验结果与理论分析一致。

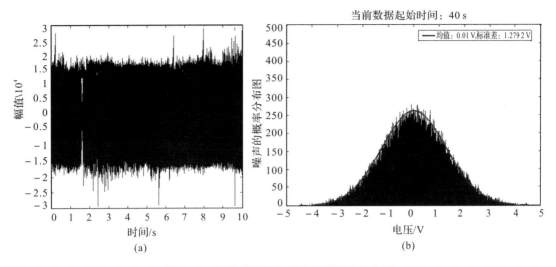

图 2 - 3　试验中海洋环境噪声及幅度分布图

(a)时域波形;(b)幅度分布图

2.1.3　通信带宽与距离的关系

扩展损失随距离变远而增加。吸收损失不但随距离变远而增加,而且还随着频率的增高而增加。另一方面,接收端的环境噪声随着频率的增高而降低。根据声纳方程可知接收端的信噪比为[1-12]

$$SNR = SL - TL - (NL + DI) - 10lgW \tag{2-6}$$

式中,SL 为发射声源级(dB),NL 为噪声谱级(dB/Hz),DI 为指向性增益(dB),W 为系统带宽(Hz)。

由公式(2-1)~式(2-4)及式(2-6)可知,当发射声源级一定时,不同频率、不同距离的接收信噪比不相同。图 2-4 表示了典型海况条件下它们之间的关系。

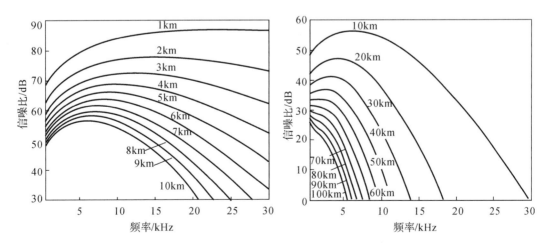

图 2 - 4　不同频率、不同距离的接收信噪比

显然,这种关系影响了水声通信系统距离与载波频率及带宽的选择。水声信道中不同通信距离的大致可用带宽表示,见表 2-1。在这种带限信道中进行数据传输,无疑会对水声通信系统的载波频率和系统带宽提出很多限制。

表 2-1　水声信道中的可用带宽

	传输范围/km	带宽/kHz
超远距离	1000	<1
远距离	10～100	2—5
中距离	1～10	约 10
短距离	0.1～1	20～50
超短距离	<0.1	>100

2.1.4　最佳工作频率

通信系统希望接收端有高的信噪比,因此选择水声通信系统工作频率的原则是使接收端的信噪比最高。声检测装置的作用距离主要决定于噪声级、接收指向性指数、传播损失以及接收机工作频带等与频率有关的参数。可以证明,当发射声源级一定时,存在一个最佳频率,使得声检测到的作用距离达到最大值。系统的优质因数定义为

$$FM = SL - (NL - DI + DT) \tag{2-7}$$

根据声纳方程,对水声信息传输系统,有 FM=TL。等式两边对 f 求导,且 SL,DI 和 DT 均与频率无关,通常取噪声谱级变化为 d(NL)/df=(-5～-6)dB/倍频程,可得到最佳频率的估计式为[1]

$$f_0 = \left(\frac{70.7}{r} \cdot \frac{d(FM)}{df} \right)^{1/2} \tag{2-8}$$

根据式(2-8),得到不同传输距离时所对应的最佳频率如图 2-5 所示。

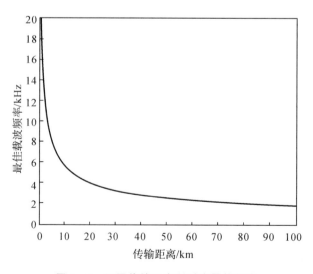

图 2-5　不同传输距离所对应最佳频率

2.2 海水中的声速与多径传播

2.2.1 海水中的声速

声速是影响声波在海洋中传播的最基本的物理参数。海水中的声速随温度、盐度、时间、空间的不同而变化，不同海区、不同季节声速有很大差异。声速通常在 1 450～1 540 m/s 之间变化。

声速的测量有专门的声速计可以直接测量，也可以通过测量海水中的温度、盐度和静压力，再由经验公式推算得到。一定条件范围内比较准确的经验公式为[15]

$$c_u = 1\ 449.22 + \Delta c_T + \Delta c_S + \Delta c_P + \Delta c_{STP} \tag{2-9}$$

式中，c_u 为声速，Δc_T、Δc_S、Δc_P、Δc_{STP} 分别代表温度、盐度、静压力及三者综合的变化量。

式(2-9)虽然准确，但在实际使用中比较烦琐。当计算精度要求不太高时，可以使用比较简单的经验公式。目前使用较为普遍的经验公式是乌德公式[12]：

$$c_u = 1450 + 4.21 T_{cc} - 0.037 T_{cc}^2 + 1.14(S_{cc} - 35) + 0.175 p_u \tag{2-10}$$

式中，T_{cc} 表示温度，S_{cc} 表示盐度，p_u 表示静压力。由式(2-10)可知声速随温度、盐度、压力的增加而增加，其中温度的影响最为显著。

对于大多数海洋区域来说，声速的垂直梯度约为水平梯度的 1 000 倍。仅在暖流和寒流交汇的某些区域，水平梯度有时可以与垂直梯度相比拟。因此，海洋可以近似看成是一种平面分层介质，其特性仅随深度变化。对那些可能搅乱这一状况的因素如内波、大涡旋、海流等的影响则需要分别加以考虑。声速的突变会引起声波反射和折射，声速的渐变会引起声线弯曲。对于海水中的声传播而言，最重要的是声速剖面的形状及声速梯度随深度变化的分布[16]。在某一类声速剖面下，声波可能传播到数百甚至数千千米；而在另一类剖面下则可能只传播几千米甚至更近。

不同海区的声速剖面是不相同的，而且声速剖面也随时间变化。声速剖面在表面层、季节温跃层、永久温跃层和深等温层等 4 个水层具有不同的特征。在海洋的上层，由于温度、盐度的季节性和周期性的变化，声速剖面的变化也最为显著。而在大于 1 km 的深度上，温度(同样包括盐度)的垂直变化通常就很弱了。这时静压力的增大几乎成为声速随深度增加而增大的唯一原因。因此，在很大的深度上声速几乎随深度线性地增加[7]。图 2-6 是典型的深海声速合成图。

2.2.2 水声信道的多径传播

声信号在水声信道传播过程中，由于介质中随机分布的杂乱散射体或随机不平整界面所产生的随机散射以及声信号在水声信道中的反射(海底、海面或障碍物)与折射(温度、盐度、深度的变化产生声速梯度)，导致一个声源信号从不同方向经过不同路径到达接收机，引起接收信号幅度的随机起伏和信号的时延扩散，由此形成了多径效应。

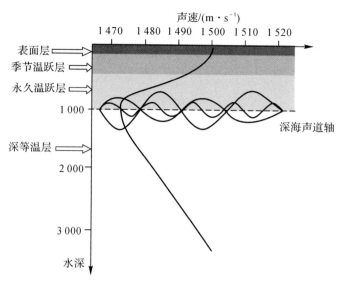

图 2 - 6　典型的深海声速曲线

对于浅海、深海等不同类型的信道,其多径结构有较大差异。

1. 浅海信道

浅海信道的多径传播可以认为由以下两个方面造成。

(1)海面和海底的多次反射。海底对于声线的反射相对比较稳定,但是海面的反射很复杂,海面波浪起伏的随机性造成对声线反射和散射的随机性。

(2)海中声速梯度的跃层结构。在海洋声信道中,由于静压力作用,下层声速略大于上层,形成弱的表面声道。如果发射器有方向性,声波在其间传播时除了海面波浪和气泡的散射外,能量损失较小,传播距离相对较远。由于表层海水受太阳加热,形成温度负梯度,多数海区会出现温度跃层,导致声线在传播过程中向海底弯曲。这样就会在海面和海底间多次反射和折射。由于掠射角变大,海底对声波的吸收作用也变大,导致声波的能量损失增大。

2. 深海信道

深海信道根据距离深度比可分为两类。若该比值很小,特别是当海面和海底的反射受到抑制时,多径扩展很小,此时信道最接近于经典的无记忆高斯白噪声信道。从已有的水声通信系统来看,在该类信道上所获得的数据传输率最高。若距离深度比较大,由于多径显著,所以会造成较长的时间扩展。扩展的长度与接收机和发射机布放深度密切相关。

在深海声信道中将周期地出现会聚区、散射区和影区。发射机布放深度不同,则形成三种区域的范围和结构也不同。在声轴上的声源影区范围最小,并在较宽的声道内构成较均匀的声场。如果发射机和接收机接近声道轴,且接收机位于会聚区,则所有的声线都可以被接收到,因而多径扩展严重。这些声线虽经长距离传播,但传播损失很小,因而有较高的接收信噪比。

位于声道轴以上的声源影区随深度的增加而减小。轴以下声源随深度的增加影区增大,同时会聚区逐渐变深。除会聚区有较强的会聚增益外,其他区域的声线途径分布也不均匀。

水声多径传播的两种最主要的形式,即由声信号反射和声信号折射产生的多径传播,示意图如图 2-7 所示。

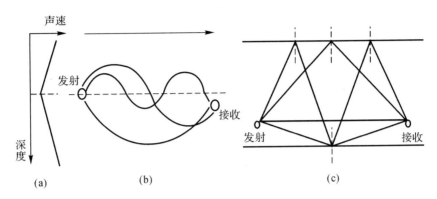

图 2-7　水声信道的多径传播
(a)声速梯度；(b)深海多径；(c)浅海多径

　　海洋中多径更多地来自大幅度起伏不平的海底山峦。由于它不受距离限制，在浅海中距离信道多径扩展一般为几十毫秒，有时可达几百毫秒。而在深海信道的多途扩展则为几十微秒到几秒量级[5,11]。图 2-8 所示为 2005 年 1 月对抚仙湖 10 km 水声信道进行多径测试的结果。从图中可知最大多径时间扩展约为 4 ms。

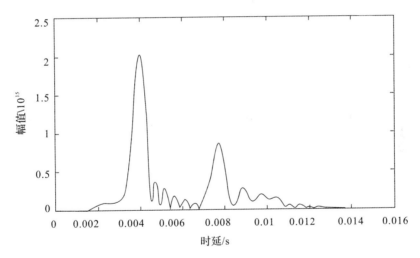

图 2-8　抚仙湖 10 km 水声信道多径测试结果

　　图 2-9 所示为 2002 年 4 月对海南南海海域 80 km 水声信道进行多径测试的结果。从图中可知，多径信息主要集中在 40 ms 以内，而 300～400 ms 仍有多径信号，但其能量较弱。

　　多径效应的存在是水声信号产生畸变的根本原因。多径效应对接收信号的主要影响在幅度上表现为幅度衰落；时域上表现为时延扩展和码间干扰；在频域上则体现为频率选择性衰落。在应用无指向性声源时，多径效应的干扰尤为明显。另一方面，由于多径效应的存在，在很多直达声线无法到达的区域也可以接收到声信号，这是多径效应的正面作用。

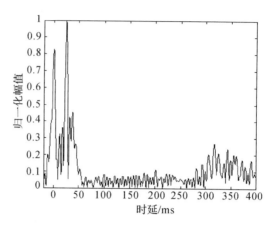

图 2－9　海南南海海域 80 km 水声信道多径测试结果

2.3　多普勒效应及时变特性

2.3.1　相对运动引起接收信号的畸变

发射机与接收机之间的相对运动或信道中水的流动引起接收信号波形的改变称为多普勒效应,其对接收信号有两个方面的影响,即多普勒时间展缩和频率偏移。若发射信号的持续时间为 T,则发射信号可表示为

$$s_T(t) = \begin{cases} s(t), 0 \leqslant t \leqslant T \\ 0, \quad \text{其他} \end{cases} \tag{2-11}$$

若发送端的运动速度为 v_T,与声传播方向的夹角为 θ_T,接收端的运动速度为 v_0,与声传播方向的夹角为 θ_0,则收、发端之间的相对运动速度为

$$v_r = v_T \cos\theta_T + v_0 \cos\theta_0 \tag{2-12}$$

当有传播延迟 τ 时,接收信号可表示为[12]

$$s_r(t) = s_T \left[\frac{c+v_r}{c}(t-\tau) \right] = s_T \left[\left(1+\frac{v_r}{c}\right)(t-\tau) \right] = s_T \left[(1+\delta)(t-\tau) \right] \tag{2-13}$$

式中,c 为声速,$\delta = v_r/c$ 为多普勒因子。若发射信号表示为

$$s_T(t) = \tilde{a}(t) e^{j2\pi f_c t} \tag{2-14}$$

式中,f_c 为载波频率,$\tilde{a}(t)$ 为信号的复包络。与载频信号相比,$\tilde{a}(t)$ 一般为时间的慢变函数。

接收信号可表示为

$$s_r(t) = \tilde{a} \left[(1+\delta)(t-\tau) \right] e^{j2\pi f_c \left[(1+\delta)(t-\tau) \right]} \tag{2-15}$$

式(2-15)表明收、发端的相对运动对接收信号有两个方面的影响,即多普勒时间展缩和频率偏移。

由多普勒时间展缩产生的偏差为 $\Delta t = T \cdot v_r/c$,其中 T 为信号持续时间。若信号的带宽为

B,信号的时间偏差保持在 $1/B$(s)内,那么这种影响便可忽略不计,即满足条件[6,11-13]

$$\frac{v_r}{c}T<<\frac{1}{B} \quad 或 \quad BT<<\frac{c}{v_r} \tag{2-16}$$

多普勒效应可视为简单的载波频率偏移,即通常所说的窄带信号。此时式(2-15)可简化为

$$s_r(t)=\tilde{a}\big[(t-\tau)\big]e^{j2\pi f_c\big[(1+\delta)(t-\tau)\big]}=$$
$$\tilde{a}(t-\tau)e^{j2\pi f_c(t-\tau)}e^{j2\pi f_c\delta(t-\tau)}= \tag{2-17}$$
$$s_T(t-\tau)e^{j2\pi\Delta f(t-\tau)}$$

式中 $\Delta f=\delta f_c=v_r f_c/c$ 为多普勒频移。

2.3.2　水声信道的时变特性

海洋水声信道的时变特性由以下几种原因引起:一种为海洋中的洋流引起声速梯度的变化,从而引起声传播路径的变化;另一种为海洋表面波浪引起反射点的移动,造成声波的多普勒扩展,或深海中的内波引起声波的多普勒扩展,从而使得接收信号为时变信号。此外,由于通信收、发双方相对运动引起的多普勒扩展,也可使接收信号为时变信号。

当载波频率为 f(Hz),入射角为 θ,风速为 w(m/s)时,一次海面反射引起的多普勒扩展为[14]

$$\Delta f=(0.0175/c)fw^{3/2}\cos\theta \tag{2-18}$$

当通信距离远远大于深度时有 $\cos\theta\approx1$。此时不同风速、不同载波频率条件下的多普勒扩展如图 2-10 所示。从图中可看出,当载波频率一定时,多普勒扩展随风速的增加而增加;当风速一定时,多普勒扩展随载波频率的增加而增加。由图中可知,当风速 $w=8$ m/s(3 级海况)时,频率 $f=10$ kHz 的多普勒扩展为 $\Delta f=2.63$ Hz,相对载波频率来说多普勒扩展较小。

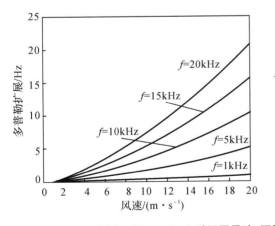
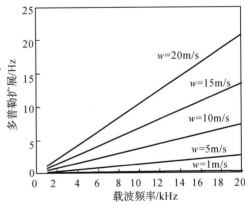

图 2-10　$\cos\theta=1$ 时不同风速、不同载波频率条件下的多普勒扩展

图 2-11 所示为 2005 年 1 月 30 日在云南抚仙湖对水声信号多普勒频移的测试结果。发射持续时间为 4 s,频率分别为 8 kHz,5 kHz,2 kHz,1.8 kHz 的单频信号。取频率精度为 0.25 Hz 进行分析,频率偏移分别为 1.25 Hz,0.75 Hz,0.5 Hz,0.25 Hz,多普勒扩展较小。

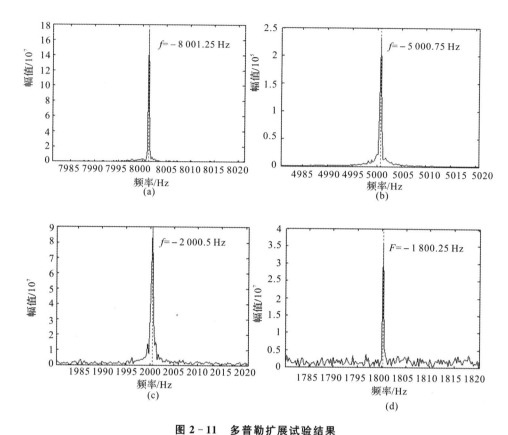

图 2-11　多普勒扩展试验结果

(a)8 000 Hz 的频率偏移约为 1.25 Hz;(b)5 000 Hz 的频率偏移约为 0.75 Hz

(c)2 000 Hz 的频率偏移约为 0.5 Hz;(d)1 800 Hz 的频率偏移约为 0.25 Hz

同时测试了信道的时变多径结构,如图 2-12 所示。从图中可看出,信道的多径约为 3~5 条,多径扩展约 6 ms。第一条路径的信号并非是能量最强的,且其中有一条多径的能量和主路径能量相当。在测量持续时间内多径个数与多径位置基本保持稳定,但是信道结构中各多径的相对幅度随时间有变化。因此测试的水声信道是时变的信道,但变化速度不快。

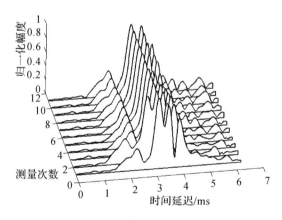

图 2-12　水声多径结构时变图

2.4　水声信道统计特性

通过以上分析,水声信道的时变、空变特性是一个二维的随机过程,应当用二维概率密度函数表征其统计特性[9-10,13]。若发送信号为 $s_T(t)$,对于受加性噪声干扰并且具有时变时延扩展特性的水声信道,其接收信号 $s_r(t)$ 可表示为[2-6,10]

$$s_r(t) = \int_{-\infty}^{+\infty} c(\tau;t) s_T(t-\tau) \mathrm{d}\tau + w(t) \tag{2-19}$$

式中 $c(\tau;t)$ 表示时变时延扩展信道 t 时刻的冲激响应,$w(t)$ 表示加性噪声。

2.4.1　信道的时间(多径)扩展及相干带宽

水声信道的 $c(\tau;t)$ 满足广义平稳非相关散射(WSSUS)条件[11],其自相关函数为

$$\varphi_c(\tau_1,\tau_2;\Delta t) = \frac{1}{2} E[c^*(\tau_1;t)c(\tau_2;t+\Delta t)] = \varphi_c(\tau_1;\Delta t)\delta(\tau_1-\tau_2) \tag{2-20}$$

令 $\Delta t = 0$,得到自相关函数 $\varphi_c(\tau;0) \equiv \varphi_c(\tau)$,$\varphi_c(\tau)$ 称为信道的多径强度分布或延时功率谱。$\varphi_c(\tau)$ 不为零的 τ 值范围就是信道的时间扩展 T_m,它反映了多径条件下信号时间扩展的大小。为了避免码间干扰,希望 T_m 取值越小越好。实际中的 T_m 很难得到理论上的具体表达式,通常使用实测值和经验值。

对 $\varphi_c(\tau)$ 做傅里叶变换,得到频率间隔相关函数 $\Phi_c(\Delta f)$,即

$$\Phi_c(\Delta f) = \int \varphi_c(\tau) \mathrm{e}^{-\mathrm{j}2\pi\tau\Delta f} \mathrm{d}\tau \tag{2-21}$$

$\Phi_c(\Delta f)$ 为非零值的宽度,称为信道的相干带宽 $(\Delta f)_c$。根据傅里叶变换的性质,$(\Delta f)_c \approx 1/T_m$。信道的相干带宽 $(\Delta f)_c$ 反映了信道对频率的选择性。相干带宽内任意两个频率分量所经历的衰落有非常强的相关性。

若发送信号的带宽 $W < (\Delta f)_c$,信号经历的是平坦衰落;若发送信号的带宽 $W > (\Delta f)_c$,则信号将受到信道影响产生频率选择性衰落。因此一般要求 $W < (\Delta f)_c$,亦即发射信号时间 $T \gg T_m$,从而使得多径带来的符号间干扰持续时间只影响到每个码元发送总时间中的很少一部分,否则要用到均衡技术。

由 2.2 节分析可知:水声通信的距离越远,信道的时间扩展 T_m 越长,相干带宽 $(\Delta f)_c$ 越窄,产生平坦衰落的可用带宽越窄。图 2-9 所示的实测 80 km 最大多径时延 $T_m = 0.04$ s,相应的相干带宽 $(\Delta f)_c = 25$ Hz。

2.4.2　信道的频率(多普勒)扩展和相干时间

采用时变传输函数 $C(f;t)$ 建立频域的时变多径信道表示为

$$C(f;t) = \int_{-\infty}^{+\infty} c(\tau;t) \mathrm{e}^{-\mathrm{j}2\pi f\tau} \mathrm{d}\tau \tag{2-22}$$

其自相关函数为

$$\Phi_c(f_1,f_2;\Delta t)=\frac{1}{2}E[C^*(f_1;t)C(f_2;t+\Delta t)]= \tag{2-23}$$
$$\Phi_c(\Delta f;\Delta t)$$

可以看出，$\Phi_c(f_1,f_2;\Delta t)$ 是多径强度分布 $\varphi_c(\tau;\Delta t)$ 的傅里叶变换。定义信道的多普勒功率谱 $S_c(\lambda)$ 为时间间隔相关函数 $\varphi_c(\Delta t)=\Phi_c(\Delta f;\Delta t)|_{\Delta f=0}$ 的傅里叶变换，将 $S_c(\lambda)$ 不为零的 λ 范围称为信道的多普勒扩展 B_d。

与相干带宽的定义类似，可得到信道的相干时间 $(\Delta t)_c$，即

$$(\Delta t)_c\approx1/B_d \tag{2-24}$$

同 $(\Delta f)_c$ 反映信道对频率的选择性类似，$(\Delta t)_c$ 是信道冲击响应维持不变的时间间隔的统计平均值，用来衡量不同时间信道冲击响应的相似性。在相干时间内，任意两个接收信号在幅度上都具有很强的相关性；而在相干时间以外，信号经过信道就会产生截然不同的变化。为了使得在一个符号周期内信号有相同的衰落和相移，一般都要求符号周期 $T\ll(\Delta t)_c$，即有 $W=1/T\gg B_d$。否则，信号的解调将难以实现。

由 2.2 节分析可知，远程水声通信时所用频率较低，多普勒扩展 B_d 较小，信道的相干时间 $(\Delta t)_c$ 较长。因此远程传输水声信道是一个介质参数慢变的信道。信号经过长距离传输，相干时间 $(\Delta t)_c$ 至少都在秒级以上。近程水声通信时所用频率较高，多普勒扩展 B_d 较大，信道的相干时间 $(\Delta t)_c$ 较短。因此近程传输水声信道是一个介质参数相对快变的信道。图 2-11 所示实测的频率扩展分别为 1.25 Hz,0.75 Hz,0.5 Hz,0.25 Hz，相应的相干时间 $(\Delta t)_c$ 分别为 0.8 s,1.33 s,2 s,4 s。若通信系统的最高频率为 8 kHz，则符号周期应小于 0.8 s。

2.4.3 信道的衰落特性

如果信号的符号周期 $T<(\Delta t)_c$，则称信号经历了慢衰落。从频域来看，此时信号带宽 $W>B_d$。如果 $T>(\Delta t)_c$，则称信号经历了快衰落。此时 $W<B_d$。因此一个信道是慢衰落还是快衰落取决于信号的符号周期与信道相干时间之间的相对大小。

一个信号经历的信道是快衰落/慢衰落或频率选择性衰落/平坦衰落，是从两个不同的角度描述信道的统计特性。一个快衰落信号既可以是平坦衰落，也可以是频率选择性衰落。对于平坦的快衰落信道，信道的冲击响应可以看成是单位冲击响应。该响应的幅度在一个符号周期内发生快速变化。而对于频率选择性的快衰落信道，信道的冲击响应则是由多个幅度、相位和时延不同的信号组成的，且这些信号分别在一个符号周期内发生变化。信号经历的衰落类型和信道参数之间的关系如图 2-13 所示。

对于符号周期的选择，一方面要求符号周期 $T<(\Delta t)_c$，以克服时间选择性衰落对信号的影响，即要求信号经历慢衰落；另一方面又要求 $T\gg T_m$，以克服频率选择性衰落的影响和减少码元间的相互干扰。实际中需要综合考虑这两种要求。理论上可以证明，最佳的符号周期为[17]

$$T=\sqrt{3T_m/(4B_d)} \tag{2-25}$$

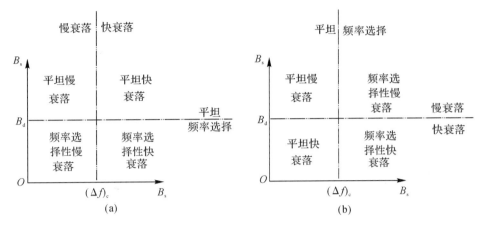

图 2 - 13　信号经历的衰落类型和信道参数之间的关系
(a)时域-信号的符号周期;(b)频域-信号的基带带宽

通常,通过水声信道进行远程信息传输时,要求 $T_m B_d < 1$。实际上就是要求信道的衰减和相移至少在一个符号周期的时间间隔内保持不变,即慢衰落信道。只有这样才能在接收机端得到相对稳定的待检测信号。

2.5　水声信道传输的多样性

水声信道一般被认为是时间-频率选择性衰落信道。如何处理水声信道中的时间-频率选择性衰落是水声通信中公认的难点。文献研究表明,水声信道的传输特性是非常多样的,体现在以下几个方面。

(1)水声信号的衰落可能呈现瑞丽、莱斯、Nakagami - m 或 K -分布等不同的概率密度分布。

(2)水声信道冲激响应可能是单径信道,也可能是过扩展信道。

(3)沿着主径到达接收端的信号能量占总接收信号能量的比例可能是 0~1 之间的任意值。

(4)散射可能是静态或非静态的,也可能具有一个重要的循环平稳的分量。

(5)水声信道可能是平坦衰落信道,也可能是频率选择性衰落信道。

(6)水声信道的冲激响应可能是稀疏的,也可能非常密集,还可能存在时间长达数秒的混响尾部。

(7)能量最大的传输路径可能是冲激响应的头部或尾部,也可能处于中间的任意区域。

水声信道传输的多样性给水声信道的建模和仿真带来困难,给“典型”水声信道中通信系统的设计和分析带来挑战。更重要的是,水声信道传输的多样性给通用型水声通信系统的开发带来极大的困难和挑战。

参考文献

［1］尤立克 R J. 水声原理［M］.洪申，译.哈尔滨：哈尔滨船舶工程学院出版社，1990.

［2］惠俊英. 水下声信道［M］. 北京：国防工业出版社，1991.

［3］顾金海，叶学千. 声学基础［M］.北京：国防工业出版社，1980.

［4］刘伯胜，雷家煜. 声学原理［M］.哈尔滨：哈尔滨工程大学出版社，1993.

［5］Stojanovic M. Underwater Acoustic Communications［C］// Electro/95 International. Boston：Professional Program Proceedings，1995：435 － 440.

［6］Stojanovic Milica. Recent Advances in High－Speed Underwater Acoustic Communications［J］. IEEE J. OceanicEng，1996，21（2）：125 － 136.

［7］马大猷，深濠. 声学手册［M］. 北京：科学出版社，1983.

［8］Coates R，Zheng Ming，Wang Liansheng. Bass 300 PARACOM：A Model Underwater Parametric Communication System［J］. IEEE Journal of Oceanic Engineering，1996，21（2）：225 － 235.

［9］布列霍夫斯基. 海洋声学［M］.北京：科学出版社. 1983.

［10］Brian D D，John A C. Ray Tracing for Ocean Acoustic Tomography，Technical Memorandum APL－UW TM 3－98［D］，Applied Physics Laboratory University of Washington，1998.

［11］朱埜. 主动声纳检测信息原理［M］.北京：海洋出版社，1990.

［12］田坦，刘国枝，孙大军. 声纳技术［M］. 哈尔滨：哈尔滨工程大学出版社，2000.

［13］Daniel B K，Arthur B. Baggeroer. The State of the Art in Underwater Acoustic Telemetry［J］. IEEE J. Oceanic Eng，2000，25（1）：4 － 27.

［14］Berkhovskikh L，Lysanov Y. Fundamentals of Ocean Acoustics［M］. NewYork：Springer，1982.

［15］Robert S H I，Milica S. Underwater Acoustic Digital Signal Processing and Communication Systems［M］. published by Kluwer Academic Publishers，2002.

［16］许天增. 数字时间相关积累（Ⅲ）——抗多途分析［J］. 声学学报，1990，15（5）：389 － 397.

第3章 水声网络的物理层传输

从第 2 章的分析可知,水声信道十分复杂。为了克服多径及相位变化对通信系统性能的影响,早期水声通信系统中大多使用频移键控(Frequency-Shift Keying FSK)调制方式,其优点是系统误码率性能很稳健,缺点是频带利用率和传输速率很低。为了克服 FSK 调制方式的缺点,相移键控(Phase-Shift Keying,PSK)调制方式和正交幅度(Quadrature Amplitude Modulation,QAM)调制方式被广泛应用到水声通信系统的设计中。为了克服多径传播造成的码间干扰,这两类调制方式一般要与均衡技术结合使用。另外,出于组网和对通信系统保密性、抗干扰、抗多径和低信噪比条件的需求,扩频技术在水声通信中也得到了广泛的研究与应用。本章介绍水声网络的物理层传输技术与方法。

3.1 单载波数字调制

单载波数字调制是以规定的符号速率 R_B,以串行方式传输信息。即系统先从信息序列 $\{a_n\}$ 中一次提取 $k = \log_2 M$ 个二进制数字形成分组,再从 M 个确定的有限能量波形 $\{s_m(t), m=1,2,\cdots,M\}$ 中按照一定的规则选择其中之一送往信道传输。水声通信中常用的数字调制方式有相移键控调制、正交幅度调制和频移键控调制。

3.1.1 M 元 PSK 调制

在 MPSK 调制中,M 个信号波形可表示为

$$s_m(t) = \mathrm{Re}\big[g(t)\mathrm{e}^{\mathrm{j}2\pi(m-1)/M}\mathrm{e}^{\mathrm{j}2\pi f_c t}\big] =$$
$$g(t)\cos\frac{2\pi}{M}(m-1)\cos 2\pi f_c t - g(t)\sin\frac{2\pi}{M}(m-1)\sin 2\pi f_c t \quad (m=1,2,\cdots,M,0\leqslant t\leqslant T)$$

$$(3-1)$$

式中,$g(t)$ 是信号脉冲形状,$\theta_m = 2\pi(m-1)/M(m=1,2,\cdots,M)$ 是载波的 M 个可能的相位。

信号波形具有相等的能量 $\varepsilon = \varepsilon_g/2$。$k$ 个信息比特到 $M=2^k$ 个相位映射用格雷编码,因此由噪声引起的最大可能差错是 k 个比特符号中的单个比特差错。当 $g(t)$ 采用矩形脉冲成形时,选择 $\cos 2\pi f_c t$ 和 $\sin 2\pi f_c t$ 作为正交基信号,构成二维空间,并且在该空间内来解调信号,从而构成星座空间。星座空间内每个调制信号所对应的点被称为星座点。MPSK 调制中信号的幅度都是保持恒定的。因此在这种二维空间内,MPSK 信号就是均匀分布在以原点为圆心,$\sqrt{\varepsilon_g/2}$ 为半径的圆周上,如图 3 - 1 所示。其中任意一对信号向量之间的欧式距离为 $\sqrt{\varepsilon_g\left(1-\cos\frac{2\pi}{M}(m-n)\right)}$。

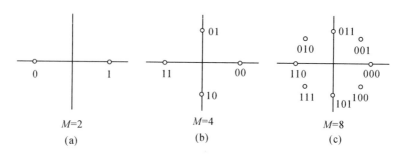

图 3-1 MPSK 信号星座图

3.1.2 M 元 QAM 调制

在 MQAM 调制中,信息序列 $\{a_n\}$ 形成的两个分离的 k 比特符号同时加在两个正交载波 $\cos 2\pi f_c t$ 和 $\sin 2\pi f_c t$ 上,相应的信号波形可以表示为

$$s_m(t) = \text{Re}\left[(A_{mc} + jA_{ms})g(t)e^{j2\pi f_c t}\right] =$$
$$A_{mc}g(t)\cos 2\pi f_c t + A_{ms}g(t)\sin 2\pi f_c t \quad (m=1,2,\cdots,M,\cdots,M,0 \leqslant t \leqslant T) \quad (3-2)$$

式中,A_{mc} 和 A_{ms} 是承载信息的正交载波的信号幅度,$g(t)$ 是信号脉冲。

若 $g(t)$ 采用矩形脉冲成形,可以在由 $\cos 2\pi f_c t$ 和 $\sin 2\pi f_c t$ 所构成的二维星座图空间内表示 MQAM 调制所对应的星座点。由于 MQAM 是一种非幅度恒定的正交幅度调制方法,因此可选择脉冲振幅调制 PAM 中 M_1 个电平和 PSK 中 M_2 个相位的所有组合来构成 $M = M_1 M_2$ 个 PAM-PSK 组合信号星座图。$M=4$ 的星座图如图 3-2 所示;$M=8$ 的星座图如图 3-3 所示。其中任意一对信号向量之间的欧式距离为 $\sqrt{\dfrac{1}{2}\varepsilon_g\left[(A_{mc}-A_{nc})^2+(A_{ms}-A_{ns})^2\right]}$。

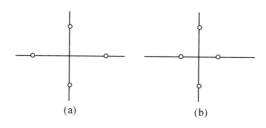

图 3-2 $M=4$ 的 QAM 信号星座图

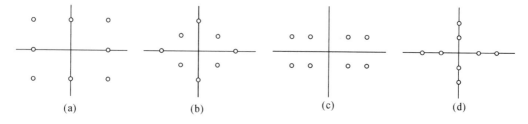

图 3-3 $M=8$ 的 QAM 信号星座图

3.1.3　M 元 FSK 调制

MFSK 调制为多维信号构成的一种特殊情况，M 个能量相同、频率不同的正交信号波形可表示为

$$s_m(t) = \mathrm{Re}\left[\sqrt{\frac{2\varepsilon_g}{T}}\,\mathrm{e}^{\mathrm{j}2\pi m\Delta f t}\,\mathrm{e}^{\mathrm{j}2\pi f_c t}\right] =$$

$$\sqrt{\frac{2\varepsilon_g}{T}}\cos(2\pi f_c t + 2\pi m\Delta f t) \qquad (m=1,2,\cdots,M;0\leqslant t\leqslant T) \qquad (3-3)$$

式中，$\Delta f = 1/T$。对于 $\Delta f = 1/T$ 的 MFSK 信号，等价于 N 维向量：

$$\begin{aligned}
\boldsymbol{s}_1 &= \begin{bmatrix} \sqrt{\varepsilon} & 0 & 0 & \cdots & 0 & 0 \end{bmatrix} \\
\boldsymbol{s}_2 &= \begin{bmatrix} 0 & \sqrt{\varepsilon} & 0 & \cdots & 0 & 0 \end{bmatrix} \\
&\cdots\cdots \\
\boldsymbol{s}_N &= \begin{bmatrix} 0 & 0 & 0 & \cdots & 0 & \sqrt{\varepsilon} \end{bmatrix}
\end{aligned} \qquad (3-4)$$

式中，$N=M$。信号之间的距离为

$$d_{km}^{(e)} = \sqrt{2}\varepsilon, \qquad \forall\, m, k \qquad (3-5)$$

图 3 - 4 为 $M=N=3$ 和 $M=N=2$ 的信号空间图。

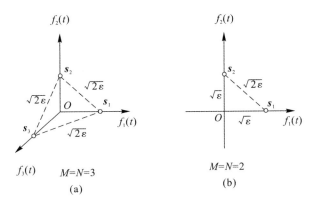

图 3 - 4　MFSK 的信号空间图

3.1.4　加性高斯白噪声信道的性能比较

若发射信号为 $s_T(t)$，则加性高斯白噪声信道中的接收信号可表示为

$$s_r(t) = s_T(t) + n(t) \qquad (0\leqslant t\leqslant T) \qquad (3-6)$$

式中，$n(t)$ 表示具有功率谱密度 $\Phi_{nn}(f) = N_0/2(\mathrm{W/Hz})$ 的加性高斯白噪声，N_0 为噪声的平均功率谱密度。用最佳接收机接收后，不同调制方式的误符号概率、误比特概率及频带利用率如表 3 - 1 所示。

表 3 - 1 不同调制方式的符号错误概率、误比特概率及频带利用率

	误符号概率	误比特概率	频带利用率
PSK	$P_B \approx 2Q\left(\sqrt{\dfrac{2k\varepsilon_b}{N_0}}\sin\dfrac{\pi}{M}\right)$[1]	$P_b \approx \dfrac{1}{k}P_B$	$\dfrac{R_b}{W} = \dfrac{1}{2}\log_2 M$[2]
QAM	$P_B \approx 4Q\left(\sqrt{\dfrac{3k\varepsilon_b}{(M-1)N_0}}\sin\dfrac{\pi}{M}\right)$[1]	$P_b \approx \dfrac{1}{k}P_B$	$\dfrac{R_b}{W} = \begin{cases} \dfrac{1}{2}\log_2 M, & M \leqslant 4 \\ \log_2 M, & M > 4 \end{cases}$[2]
FSK 非相干检测	$P_B = \sum\limits_{n=1}^{M-1}(-1)^{n+1}\binom{M-1}{n}\dfrac{1}{n+1}e^{\frac{-nk\varepsilon_b}{N_0(n+1)}}$	$R_b = \dfrac{2^{k-1}}{2^k-1}P_B$	$\dfrac{R_b}{W} = \dfrac{\log_2 M}{M}$

注: ε_b 是每比特信号能量。

根据表 3 - 1 画出的 M 元不同调制方式的误比特概率曲线如图 3 - 5 所示。

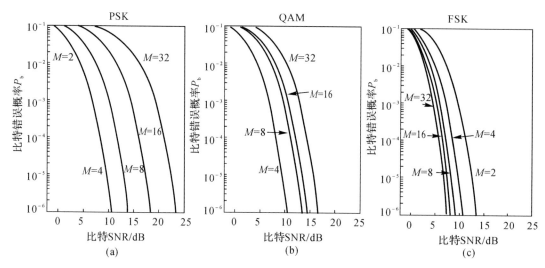

图 3 - 5　M 元不同调制方式的误比特率曲线
(a)PSK 比特错误概率;(b)QAM 比特错误概率;(c)FSK 比特错误概率

由表 3 - 1 或图 3 - 5 可知,当误比特率为 $P_b = 10^{-6}$ 和 $P_b = 10^{-4}$ 时,$M(M=2,4,8,16,32)$ 元不同调制方式发送 1 比特信息所需的信噪比如表 3 - 2 所示。

表 3 - 2　不同调制方式发送 1 比特信息所需的信噪比　　　　　　　　(单位:dB)

	调制方式	$M=2$	$M=4$	$M=8$	$M=16$	$M=32$
$P_b = 10^{-6}$	PSK	10.51	10.51	13.95	18.42	23.34
	QAM	—	10.51	13.25	14.39	16.59
	FSK	13.51	10.75	9.23	8.21	7.44
$P_b = 10^{-4}$	PSK	8.39	8.39	11.71	16.14	21.01
	QAM	—	8.39	11.28	12.19	14.41
	FSK	11.39	8.77	7.35	6.43	5.76

从图 3-5 及表 3-2 可对不同调制方式在一定错误概率约束下的比特信噪比进行对比，但由于不同调制方式所需的带宽不同，数据率也不同，因此无法直接比较出其性能。为了对比这几种调制方式的性能，可在一定错误概率的约束下比较频带利用率与比特信噪比的关系。

香农（C. E. Shannon）在 1948 年推导出的加性高斯白噪声（Additive White Gaussian Noise, AWGN）信道，在带限及平均功率受限条件下的信道容量基本公式为

$$C = W \log_2 \left(1 + \frac{P_{av}}{W N_0} \right) \tag{3-7}$$

式中，C 为信道容量（b/s），P_{av} 为平均传输功率，W 为带宽。将香农公式对带宽 W 进行归一化即为频带利用率，它为任何调制方式频带利用率的上边界。将 $P_{av} = C\varepsilon_b$ 代入香农公式可得

$$\frac{\varepsilon_b}{N_0} = \frac{2^{C/W} - 1}{C/W} \tag{3-8}$$

由式（3-8）可知，当 $C/W \to 0$ 时，$\varepsilon_b/N_0 \to \ln 2$（-1.6 dB）。

以 ε_b/N_0 为横坐标、C/W 为纵坐标，画出的信道容量限如图 3-6 所示。图 3-6 还给出了在 $P_b = 10^{-6}$ 时，三种调制方式的频带利用率与比特信噪比的关系曲线。

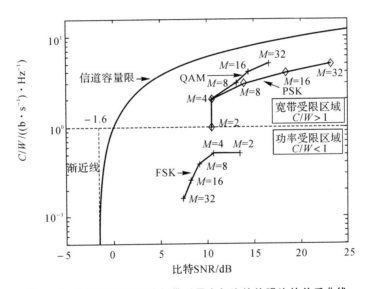

图 3-6　不同调制方式的频带利用率与比特信噪比的关系曲线

从图 3-6 可看出，随着比特 SNR 的增加，信道的容量增加，频带利用率增加。因此，当带宽一定时，信道的容量随着信号发射功率的增加而增加；当信号的发射功率 P_{av} 一定时，容量随着带宽的增加而增加。对于 PSK 和 QAM 调制方式来说，当 M 增加时，系统的频带利用率可提高，然而频带利用率的提高是以增加系统的比特 SNR 为代价的。当 $M>4$ 时，相同数据率条件下 QAM 的频带利用率比 PSK 高。这两种调制方式适合于信道带宽受限，但接收端信噪比较高的信道。对于 FSK 调制来说，当 M 增加时，系统所需信道带宽增加，此时系统的频带利用率减少。要达到指定错误概率，所需的比特 SNR 减少。因此这种调制方式适合于功率受限但带宽较大的信道。从图 3-6 的 FSK 调制曲线的趋势可看出，当 $M \to \infty$，且错误概率一定时，FSK 调制所需的比特 SNR 接近于 0.693（-1.6 dB）。

3.1.5 频率非选择性慢衰落信道的性能比较

假设时域发送信号为 $s_T(t)$，频域为 $s_T(f)$。在频率非选择性衰落信道中，$s_T(f)$ 中的所有频率分量在通过信道传输时经受相同的衰减和相移，这意味着在由 $s_T(f)$ 占据的带宽内，信道的时变转移函数 $C(t;f)$ 是以频率为变量的复常数。考虑基频信号，即 $s_T(f)$ 的频率含量集中在 $f=0$ 附近，则 $C(t;f)=C(t;0)$，故接收信号可表示为

$$s_r(t) = \int_{-\infty}^{+\infty} C(t;f) s_T(f) e^{j2\pi ft} df =$$
$$\int_{-\infty}^{+\infty} C(t;0) s_T(f) e^{j2\pi ft} df = \qquad (3-9)$$
$$C(t;0) \int_{-\infty}^{+\infty} s_T(f) e^{j2\pi ft} df =$$
$$C(t;0) s_T(t)$$

因此接收到的多径分量是不可分辨的。将频率非选择信道的转移函数表示为极坐标形式：

$$C(t;0) = \alpha(t) e^{-j\varphi(t)} \qquad (3-10)$$

由式(3-9)及式(3-10)可知，在一个符号传输间隔内，等效低通接收信号可表示为

$$s_r(t) = \alpha(t) e^{-j\varphi(t)} s_T(t) + n(t) \qquad (0 \leqslant t \leqslant T) \qquad (3-11)$$

假设信道衰落足够慢，以至于相移 φ 能够从接收信号中无误差地估计出来，在这种情况下，即可实现接收信号的理想相干检测。当 α 为一固定衰减时，可导出不同调制方式的符号错误概率，如表 3-3 所示[1]。

表 3-3　不同调制方式的符号错误概率

调制方式	误符号概率
PSK	$P_B \approx 2Q\left(\alpha\sqrt{\dfrac{2k\varepsilon_b}{N_0}}\sin\dfrac{\pi}{M}\right)$
QAM	$P_B \approx 4Q\left[\alpha\sqrt{\dfrac{3k\varepsilon_b}{(M-1)N_0}}\right]$
FSK	$P_B = \sum\limits_{n=1}^{M-1}(-1)^{n+1}\binom{M-1}{n}\dfrac{1}{n+1}e^{\frac{-\alpha nk\varepsilon_b}{N_0(n+1)}}$

由于 $\alpha<1$，由表 3-3 可知，与 AWGN 信道相比，相同比特 SNR 条件下，衰落信道中的误比特率更大。若要使接收端错误概率相同，则在衰落信道上发射机需要更大的发送功率，或采用冗余度的方法如分集技术等。

3.1.6 频率选择性慢衰落信道的性能

水声信道中多径传播和衰落现象的存在给水声通信信号的传输带来了严重的影响。传输信号经过水声信道之后，其时域及频域特性都将产生畸变。在这种情况下，要通过严格的数学分析来计算频率选择性衰落造成的误符号率非常困难。通常从工程角度做一级近似处理，经

处理后可以推导出无噪声时,仅由频率选择性衰落造成的误符号概率为[3-4]

$$P_B = \frac{(\Delta/T)^2}{3\lambda_e}\left[1+\ln\left(1+\frac{3\lambda_e}{4\pi\,(\Delta/T)^2}\right)\right]$$

$$(3-12)$$

其中,$\Delta=T_m-(a)_{av}$ 为最大多径时延差,T 为符号周期,λ_e 为比例系数,对于二进制有 $\lambda_e=2$。

由式(3-12)可知,误符号率 P_B 与信道的最大时延差 Δ 和符号周期 T 有关:T 一定时,P_B 随 Δ 的增大而增大;Δ 一定时,P_B 随 T 的增大而减小。因此要减小频率选择性衰落的影响,可用窄波束接收减小 Δ 或增加 T。对于单载波系统,增加 T 则降低了系统的传输速率。通常采用均衡技术抵消时延扩展造成的码间干扰,降低频率选择性衰落的影响。

3.2 均 衡 技 术

如 2.3 节所述,多径传播是影响水声通信系统性能的重要因素之一。抑制多径从而达到可靠的数据传输是一项富有挑战性的工作。均衡技术可以减弱、消除多径信道对信号传输的负面影响,被认为是克服多径传播所引起的码间干扰的有效处理手段之一,近年来在水声通信领域中得到了广泛的研究和应用。从现代水声通信技术的发展过程来看,自适应均衡技术越来越得到人们的重视。利用自适应均衡技术来抑制码间干扰从而提高水声通信系统的传输可靠性,已经成为现代水声通信系统的特征之一。

3.2.1 均衡的概念和方法

从广义上讲,均衡可以指任何用来减弱码间干扰的信号处理操作。在通信系统中,可以用各种各样的均衡技术来抑制码间干扰。由于水声信道具有随机性和时变性,这就要求均衡器必须能够实时地跟踪水声通信信道的时变特性,这种均衡器又被称为自适应均衡器。位于接收机处的均衡器通过递归算法来评估信道特性,并且修正滤波器的系数以便对信道做出相应的补偿。均衡器从调整参数至形成收敛,整个过程的时间跨度是均衡器算法、结构和水声多径信道变化率的函数。

自适应均衡器一般包括两种工作模式,即训练模式和跟踪模式。首先,发射机发射一个已知的定长训练序列,以便在接收机处的均衡器可以做出正确的参数设置。典型的训练序列是一个二进制伪随机信号或是一串预先设定的数据。紧跟在训练序列之后被传输的是信息数据。在接收机处的均衡器将通过递归算法来估计信道特性,并且修正滤波器系数以便对信道做出补偿。在设计训练序列时,要求做到即使在最差的信道条件下,均衡器也能通过这个序列获得正确的滤波器系数。这样就可以在收到训练序列后使得均衡器的滤波器系数已经接近于最佳值。而在接收信息数据时,均衡器的自适应算法就可以跟踪不断变化的信道。其结果就是,自适应均衡将不断改变其滤波特性。为了保证能有效地减弱码间干扰,均衡器需要周期性地做重复训练。均衡主要有两个基本途径,即频域均衡和时域均衡。

1. 频域均衡

频域均衡是指包括均衡器在内的整个系统的总传递函数满足无失真传输的条件,即

$$H(w)=Y(w)/X(w)=Ke^{-jw t_0}$$

$$(3-13)$$

式中，$X(\omega)$ 为输入信号的频谱，$Y(\omega)$ 为输出信号的频谱，K 为常数，传输时延 t_0 为常数。

实际系统中，式（3-13）的条件通常难以严格满足，而只要求系统具有升余弦的幅度频率特性及线性的相位频率特性。因此，频域均衡往往分别矫正幅频特性和群时延特性。

2. 时域均衡

时域均衡是直接从时间响应考虑，使包括均衡器在内的整个系统的冲激响应满足无码间干扰的条件。频域均衡一般需假设信道特性不变，因此适用于低速数据传输。时域均衡可以根据传道特性的变化进行调整，因此在数字传输系统中，尤其是高速数据传输中得到了广泛应用。

3.2.2　均衡器

时域均衡器可分为两大类，线性均衡器和非线性均衡器。如果在接收机中判决的结果经过反馈用于均衡器的参数调整，则为非线性均衡器；反之，则为线性均衡器。表 3-4 是按均衡器所用类型、结构和算法的不同，对常用的均衡技术进行了分类。

表 3-4　均衡器的类型、结构和采用的算法

$$
\text{均衡器}\begin{cases}
\text{线性}\begin{cases}\text{横向滤波器（迫零、最小均方、递推最小二乘等）}\\\text{格型（梯度递推最小二乘）}\end{cases}\\
\text{非线性}\begin{cases}\text{判决反馈均衡器}\begin{cases}\text{横向滤波器（最小均方、递推最小二乘等）}\\\text{格型（梯度递推最小二乘）}\end{cases}\\\left.\begin{matrix}\text{最大似然符号检测器}\\\text{最大似然序列估值器}\end{matrix}\right\}\text{横向滤波器型信道估值器}\end{cases}
\end{cases}
$$

1. 线性均衡器

线性均衡器一般包括横向和格型两种结构。在均衡中最经常使用的是横向滤波器。图 3-7 所示是一个使用最小均方（Least Mean Square，LMS）算法的线性横向均衡器。令横向滤波器的输入序列为 $\{x_n\}$，输出为字符序列 $\{I_n\}$ 的估计，则第 k 个字符的估计为

$$\hat{I}_k = \sum_{j=-k}^{k} w_j x_{k-j} \tag{3-14}$$

式中，$\{w_j\}$ 是滤波器的 $2k+1$ 个复值抽头权系数。若 $\hat{I}_k$ 与发送的字符 I_k 不相等，则存在决策误差。均衡器的抽头权系数应使决策误差在某种准则下达到最优。

在起始阶段，发射一小段已知符号序列来初始化均衡器系数，这时决策误差为 $e(k)=I(k)-\hat{I}(k)$。这一小段已知符号序列叫作训练码。在它使均衡器收敛以后，就从训练码切换至信息码，称此时的均衡器为判决引导均衡器。通常使用的均衡器系数优化准则是使预期的均衡输出和实际的均衡输出之间的均方误差达到最小。当均方误差达到最小时，均衡器等同于一个最佳维纳滤波器，其系数矢量可以表示为

$$W_{\text{opt}} = \boldsymbol{\Gamma}^{-1} \boldsymbol{\zeta} \tag{3-15}$$

式中，$\boldsymbol{\Gamma}$ 是任意时刻均衡器输入信号矢量的自相关矩阵，$\boldsymbol{\zeta}$ 是均衡器的期望输出与输入信号的互相关。实际中，$\boldsymbol{\Gamma}$ 和 $\boldsymbol{\zeta}$ 均是未知的。为了估计 $\boldsymbol{\Gamma}$ 和 $\boldsymbol{\zeta}$，可以传输一个已知符号序列，并通过时间平均的方法对 $\boldsymbol{\Gamma}$ 和 $\boldsymbol{\zeta}$ 进行估计，从而得到系数矢量 W_{opt}。

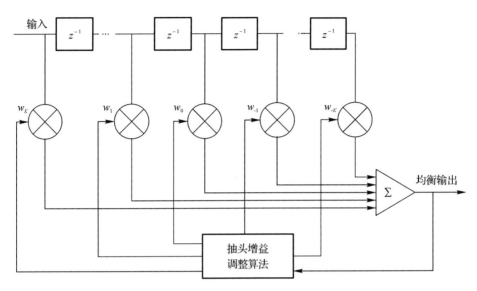

图 3 - 7　LMS 算法自适应横向滤波器

当信道特性较好时,线性均衡器的性能也较好。但当信道多径传播显著,码间干扰严重时,线性均衡器的性能会急剧下降。这时需要使用非线性均衡器来抑制码间干扰的影响。

2. 非线性均衡器

非线性均衡器主要有三类:判决反馈均衡器(Decision Feedback Equalization,DFE)、基于最大后验概率(Maximum A Posteriori Probability,MAP)准则的逐个符号检测算法和基于最大似然序列估计(Maximum-Likelihood Sequence Estimation,MLSE)准则的序列检测算法。

判决反馈均衡器由一个前向滤波器和一个反馈滤波器组成,基本结构如图 3 - 8 所示。其基本思想是:一旦检测到了一个符号,就可以估计出它对未来的符号产生的干扰,从而可以在检测之前将其除去。

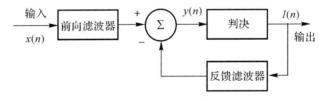

图 3 - 8　判决反馈均衡器的基本结构框图

反馈滤波器的输入信号是检测器的输出判决信号,调整参数以消除前面检测出的符号对当前符号的码间干扰。令

$$\boldsymbol{x}(n) = \left[x(n+m) \cdots x(n) \ \hat{I}(n-1) \cdots \hat{I}(n-m) \right]^{\mathrm{T}} \qquad (3-16)$$

$$\boldsymbol{w}(n) = \left[w_{-m} \cdots w_0 \ w_1 \cdots w_m \right]^{\mathrm{T}} \qquad (3-17)$$

滤波器的输出为

$$\hat{\boldsymbol{I}}(n) = \boldsymbol{y}(n) = \boldsymbol{w}^{\mathrm{H}}(n)\boldsymbol{x}(n) \qquad (3-18)$$

$y(n)$ 经判决检测处理后得输出 $\hat{I}(n)$,误差为

$$e(n) = \boldsymbol{I}(n) - \boldsymbol{y}(n) = \boldsymbol{I}(n) - \hat{\boldsymbol{I}}(n) \qquad (3-19)$$

当判决差错对性能的影响可忽略时,判决反馈均衡器由于其反馈部分消除了由先前被检测符号引起的码间干扰,其性能优于线性均衡器。判决反馈均衡器适用于有严重失真的通信信道,且实现简单。但是,当判决差错较严重时,错误的反馈结果将会进一步影响当前的判决,从而造成错误的扩散传播。

基于 MAP 准则的逐个符号检测算法和基于 MLSE 准则的序列检测算法不但需要知道信道的特性,而且需要知道干扰信号的噪声统计分布。因此,噪声的概率密度函数决定了对噪声信号的最佳解调形式。在时间衰落信道中,码间干扰扩展到许多符号,随着码间干扰扩展的增加,基于概率算法的计算复杂度呈指数增加,因此该算法在实际中的应用受到了限制。

3.2.3　自适应均衡算法

自适应均衡算法能够使均衡器自动调节权系数,实现均衡器性能指标最优化,并对信道特性的时间变化进行自适应补偿。最经典的自适应算法包括最小均方(LMS)和递归最小二乘(Recursive Least Square,RLS)两种算法。

1. 最小均方算法

LMS 算法是线性自适应滤波算法。它是基于随机梯度准则的最小均方误差准则的近似,即简单地用瞬时误差来代替误差均值。其优点是省去了计算输入信号自相关矩阵所需要的巨大计算量,使得抽头系数的迭代公式变得非常简单。在大多数信噪比较高且信道缓慢变化的情况下,只要收敛步长在一定的范围内,LMS 算法都能较好地收敛。但这种近似有两个缺点:一是引入了抽头系数的噪声项,导致稳态失调量较大;二是收敛相对缓慢,对非平稳信号的适应性较差,使得算法的信道跟踪补偿能力下降。LMS 算法的特点是计算量小、结构简单(不需要计算相关函数和矩阵求逆)、易于实现、稳定性好,缺点是收敛速度慢。

LMS 算法是基于最小均方误差准则的维纳滤波器和最陡下降法提出的。在最陡下降法中,如果能够精确测量每一次迭代的梯度向量,且收敛因子选取较为合适,则最陡下降法能够使得抽头权向量收敛于维纳解(对于平稳过程)。但是,梯度向量的精确测量需要知道抽头输入的相关矩阵以及抽头输入与期望响应之间的互相关向量,因此当最陡下降法应用于未知环境时,梯度向量的精确测量是不可能的,必须根据可用数据对梯度向量进行估计。使用估计梯度向量的最陡下降法为

$$\boldsymbol{w}(n+1) = \boldsymbol{w}(n) + \mu\,\nabla\boldsymbol{J}(n) \qquad (3-20)$$

式中,$\nabla\boldsymbol{J}(n)$ 为梯度向量,μ 为收敛因子。

对于最小均方误差准则下的自适应横向滤波器,若采用一般的梯度估计方法推导自适应算法需要分别取权值经扰动后的两个均方误差(即在一段时间内的采样数据平均值)之差作为梯度估计。而 LMS 算法直接利用单次采样数据获得的 $e^2(n)$ 来代替均方误差 $\boldsymbol{J}(n)$,其中 $e^2(n)$ 可表示为式(3-21)。在自适应过程的每次迭代中,梯度估计值如式(3-22)所示。

$$e^2(n) = (\boldsymbol{I}(n) - \boldsymbol{y}(n))^2 = (\boldsymbol{I}(n) - \boldsymbol{w}^{\mathrm{T}}(n)\boldsymbol{x}(n))^2 =$$
$$\boldsymbol{I}^2(n) + \boldsymbol{w}^{\mathrm{T}}(n)\boldsymbol{x}(n)\boldsymbol{x}^{\mathrm{T}}(n)\boldsymbol{w}(n) - 2\boldsymbol{I}(n)\boldsymbol{x}^{\mathrm{T}}(n)\boldsymbol{w}(n) \qquad (3-21)$$

$$\nabla \boldsymbol{J}(n)=\frac{\partial \boldsymbol{e}^2(n)}{\partial \boldsymbol{w}(n)}=\frac{\partial}{\partial \boldsymbol{w}(n)}\left[\boldsymbol{I}^2(n)+\boldsymbol{w}^{\mathrm{T}}(n)\boldsymbol{x}(n)\boldsymbol{x}^{\mathrm{T}}(n)\boldsymbol{w}(n)-2\boldsymbol{I}(n)\boldsymbol{x}^{\mathrm{T}}(n)\boldsymbol{w}(n)\right]=$$
$$-2\boldsymbol{e}(n)\boldsymbol{x}(n) \tag{3-22}$$

将式(3-22)代入式(3-20),可得瞬时梯度估计的最陡下降法的迭代公式为

$$\boldsymbol{w}(n+1)=\boldsymbol{w}(n)+2\mu\boldsymbol{e}(n)\boldsymbol{x}(n) \tag{3-23}$$

式(3-22)给出的权系数自适应迭代算法称为 LMS 算法,其中,μ 是控制收敛速度和稳定性的收敛参数。一般取 $0<\mu<1/\lambda_{\max}$,其中 $\lambda_{\max}$ 是输入信号自相关矩阵的最大特征值。

LMS 算法的权系数迭代过程:

取初始条件为 $\boldsymbol{w}(0)=[0,\cdots,0]$,对 $n=1,2,3,\cdots$.

(1)由 n 时刻的滤波器滤波系数矢量估值 $\hat{\boldsymbol{w}}(n)$,输入信号矢量 $\boldsymbol{x}(n)$ 以及期望信号 $\boldsymbol{I}(n)$,计算误差:

$$\boldsymbol{e}(n)=\boldsymbol{I}(n)-\boldsymbol{x}^{\mathrm{H}}(n)\hat{\boldsymbol{w}}(n) \tag{3-24}$$

(2)利用递归计算滤波器系数矢量的更新估值:

$$\hat{\boldsymbol{w}}(n+1)=\hat{\boldsymbol{w}}(n)+2\mu\boldsymbol{e}(n)\boldsymbol{x}(n) \tag{3-25}$$

(3)将时间指数 n 增加 1,返回步骤(1),重复上述计算步骤,一直到达稳态为止。

LMS 算法简单,既不需要计算输入信号的相关函数,也不需要矩阵求逆,因而得到了广泛的应用。但是,由于 LMS 算法采用梯度矢量的瞬时估计,其方差较大,无法获得最优滤波性能,而且收敛速度缓慢。

2. 递归最小二乘算法

与 LMS 算法使用统计逼近相比,使用最小平方逼近将会获得更快的逼近速度,即快速的收敛算法将依赖于实际收到信号的时间平均的误差表达式,而非统计平均的误差表达式。这种算法称为递归最小二乘(RLS)算法,它可以大大改进自适应均衡器的收敛特性。RLS 算法的关键是用二乘方的时间平均的最小化准则取代最小均方准则,并按时间进行迭代计算。RLS 算法对初始时刻到当前时刻所有误差的平方进行平均并使其最小化,再按照这一准则确定滤波器的权矢量 $\boldsymbol{w}(n)$,其依据的准则是

$$\boldsymbol{\varepsilon}(n)=\sum_{i=1}^{n}\lambda^{n-i}\boldsymbol{e}^2(i) \tag{3-26}$$

式中,参数 λ 为指数加权因子,其值应选择在 $0<\lambda\leqslant1$ 范围内。一般说来,加权因子的使用是为了保证"遗忘"掉久远的过去数据,以便当滤波器工作在非平稳环境时,能跟踪观测数据的统计变化。该参数也称遗忘因子,因为过去的信息对系数的更新来说,其可忽略程度是不断增加的。

对于线性横向滤波器来说,误差可表示为

$$\boldsymbol{e}(n)=\boldsymbol{I}(n)-\boldsymbol{y}(n)=\boldsymbol{I}(n)-\boldsymbol{w}^{\mathrm{T}}(n)\boldsymbol{x}(n) \tag{3-27}$$

为了求最佳权矢量,将 $\boldsymbol{\varepsilon}(n)$ 对 $\boldsymbol{w}(n)$ 求导数并令其等于零,得

$$\frac{\partial \boldsymbol{\varepsilon}(n)}{\partial \boldsymbol{\omega}(n)}=0 \tag{3-28}$$

可得

$$\boldsymbol{R}_{xx}(n)\boldsymbol{w}(n)=\boldsymbol{r}_{xI}(n) \tag{3-29}$$

式中,$\boldsymbol{R}_{xx}(n)$是输入数据矢量 $\boldsymbol{x}(n)$ 的相关矩阵,而 $\boldsymbol{r}_{xI}(n)$ 是输入向量 $\boldsymbol{x}(n)$ 和期望输出 $\boldsymbol{I}(n)$ 的互相关矢量,因此有

$$\boldsymbol{R}_{xx}(n) = \sum_{i=1}^{n} \lambda^{n-i} \boldsymbol{x}(i) \boldsymbol{x}^{\mathrm{T}}(i) \tag{3-30}$$

$$\boldsymbol{r}_{xd}(n) = \sum_{i=1}^{n} \lambda^{n-i} \boldsymbol{I}(i) \boldsymbol{x}(i) \tag{3-31}$$

由式(3-29)可得到均衡器抽头系数的解为

$$\boldsymbol{w}(n) = \boldsymbol{R}_{xx}^{-1}(n) \boldsymbol{r}_{xI}(n) \tag{3-32}$$

而由式(3-30)和式(3-31)可得

$$\boldsymbol{R}_{xx}(n) = \lambda \boldsymbol{R}_{xx}(n-1) + \boldsymbol{x}(n) \boldsymbol{x}^{\mathrm{T}}(n) \tag{3-33}$$

$$\boldsymbol{r}_{xd}(n) = \lambda \boldsymbol{r}_{xI}(n-1) + \boldsymbol{x}(n) \boldsymbol{I}^{\mathrm{T}}(n) \tag{3-34}$$

利用矩阵求逆引理,可以得到逆矩阵 $\boldsymbol{P}_{xx}(n) = \boldsymbol{R}_{xx}^{-1}(n)$ 的递推公式为

$$\boldsymbol{P}_{xx}(n) = \lambda^{-1} \left[\boldsymbol{P}_{xx}(n-1) - \frac{\boldsymbol{P}_{xx}(n-1) \boldsymbol{x}(n) \boldsymbol{x}^{\mathrm{T}}(n) \boldsymbol{P}_{xx}(n-1)}{\lambda + \boldsymbol{x}^{\mathrm{T}}(n) \boldsymbol{P}_{xx}(n-1) \boldsymbol{x}(n)} \right] =$$
$$\lambda^{-1} \left[\boldsymbol{P}_{xx}(n-1) - \boldsymbol{K}(n) \boldsymbol{x}^{\mathrm{T}}(n) \boldsymbol{P}_{xx}(n-1) \right] \tag{3-35}$$

式中

$$\boldsymbol{K}(n) = \frac{\boldsymbol{P}_{xx}(n-1) \boldsymbol{x}(n)}{\lambda + \boldsymbol{x}^{\mathrm{T}}(n) \boldsymbol{P}_{xx}(n-1) \boldsymbol{x}(n)} \tag{3-36}$$

利用式(3-35)可证明

$$\boldsymbol{P}_{xx}(n) \boldsymbol{x}(n) = \lambda^{-1} \left[\boldsymbol{P}_{xx}(n-1) \boldsymbol{x}(n) - \boldsymbol{K}(n) \boldsymbol{x}^{\mathrm{T}}(n) \boldsymbol{P}_{xx}(n-1) \boldsymbol{x}(n) \right] =$$
$$\lambda^{-1} \left\{ \left[\lambda + \boldsymbol{x}^{\mathrm{T}}(n) \boldsymbol{P}_{xx}(n-1) \boldsymbol{x}(n) \right] \boldsymbol{K}(n) - \boldsymbol{K}(n) \boldsymbol{x}^{\mathrm{T}}(n) \boldsymbol{P}_{xx}(n-1) \boldsymbol{x}(n) \right\} =$$
$$\boldsymbol{K}(n) \tag{3-37}$$

又由式(3-32)可得:

$$\boldsymbol{w}(n) = \boldsymbol{R}_{xx}^{-1}(n) \boldsymbol{r}_{xI}(n) = \boldsymbol{P}_{xx}(n) \boldsymbol{r}_{xI}(n) =$$
$$\lambda^{-1} \left[\boldsymbol{P}_{xx}(n-1) - \boldsymbol{K}(n) \boldsymbol{x}^{\mathrm{T}}(n) \boldsymbol{P}_{xx}(n-1) \right] \left[\lambda \boldsymbol{r}_{xI}(n-1) + \boldsymbol{x}(n) \boldsymbol{I}(n) \right] =$$
$$\boldsymbol{P}_{xx}(n-1) \boldsymbol{r}_{xI}(n-1) + \lambda^{-1} \boldsymbol{I}(n) \left[\boldsymbol{P}_{xx}(n-1) \boldsymbol{x}(n) - \boldsymbol{K}(n) \boldsymbol{x}^{\mathrm{T}}(n) \boldsymbol{P}_{xx}(n-1) \boldsymbol{x}(n) \right] -$$
$$\boldsymbol{K}(n) \boldsymbol{x}^{\mathrm{T}}(n) \boldsymbol{P}_{xx}(n-1) \boldsymbol{r}_{xI}(n-1) \tag{3-38}$$

将式(3-37)代入式(3-38)后,得

$$\boldsymbol{w}(n) = \boldsymbol{w}(n-1) + \boldsymbol{K}(n) \left[\boldsymbol{I}^{\mathrm{T}}(n) - \boldsymbol{x}^{\mathrm{T}}(n) \boldsymbol{w}(n-1) \right] = \boldsymbol{w}(n-1) + \boldsymbol{K}(n) \boldsymbol{e}(n) \tag{3-39}$$

由式(3-39)可知,n 时刻的最佳权系数 $\boldsymbol{w}(n)$ 由 $n-1$ 时刻的最佳权系数 $\boldsymbol{w}(n-1)$ 加上一定的修正得到。式中的增益 $\boldsymbol{K}(n)$ 确定了根据预测误差进行修正时的比例系数。

RLS算法的权系数迭代过程如下:

$$\left. \begin{aligned} \boldsymbol{y}(n) &= \boldsymbol{x}^{\mathrm{T}}(n) \boldsymbol{w}(n-1) \\ \boldsymbol{e}(n) &= \boldsymbol{I}(n) - \boldsymbol{y}(n) \\ \boldsymbol{K}(n) &= \frac{\boldsymbol{P}_{xx}(n-1) \boldsymbol{x}(n)}{\lambda + \boldsymbol{x}^{\mathrm{T}}(n) \boldsymbol{P}_{xx}(n-1) \boldsymbol{x}(n)} \\ \boldsymbol{P}_{xx}(n) &= \frac{1}{\lambda} \left[\boldsymbol{P}_{xx}(n-1) - \boldsymbol{K}(n) \boldsymbol{x}^{\mathrm{T}}(n) \boldsymbol{P}_{xx}(n-1) \right] \\ \boldsymbol{w}(n) &= \boldsymbol{w}(n-1) + \boldsymbol{K}(n) \boldsymbol{e}(n) \end{aligned} \right\} \tag{3-40}$$

初始条件可设为 $\boldsymbol{w}(0) = [0, \cdots, 0]$,$\boldsymbol{P}_{xx}(0) = \delta^{-1} \boldsymbol{I}$($\delta$ 为一个小的正常数),λ 的取值可以改

变均衡器的性能。$1-\lambda$ 的倒数可以用来衡量算法的记忆能力。如果信道是非时变的,那么可将 λ 取为 1,这时算法具有无限记忆能力,因为自适应滤波器系数的值是关于过去所有输入值的函数。λ 值对收敛速度影响不大,但是影响着 RLS 均衡器的跟踪能力。λ 值越小,意味着前面的样本值很快被遗忘,而新的样本值将得到更大的加权,这样均衡器的跟踪能力就越强。但是,若 λ 值太小,算法的失调误差将增大,均衡器将会变得不稳定。相比 LMS 算法,RLS 算法的运算量显著增大,但算法的收敛特性远远优于 LMS 算法,因此获得了广泛的应用。对于 RLS 算法,必须设定初始值 $w(0)$ 和 $\boldsymbol{R}_{xx}^{-1}(0)$。如果能对自相关做一个初始估计,那么将得到自相关矩阵的一个好的初始值;若无法进行初始估计,则可令 $\boldsymbol{R}_{xx}^{-1}(0)=\delta^{-1}\boldsymbol{I}$,其中 δ 是一个小的正常数。

3.3　扩　频　技　术

扩频技术具有抗干扰、抗噪声、抗多径衰落、功率谱密度低、保密性强、隐蔽性强、截获概率低、可多址复用和任意选址等特点,在水声通信领域得到了广泛的研究。扩频技术有多种不同的实现方式,其中直接序列扩频和跳频技术是应用最广泛的实现方式。

3.3.1　扩频技术的理论基础

扩频通信的理论基础是信息论中的香农定理。由信道容量的计算公式可知,在高斯信道中,当传输系统的信噪比下降时,可用增加系统传输带宽的方法来保持信道容量不变。对于任意给定的信噪比,可以用增大传输带宽来获得较低的信息差错率。香农又指出:在高斯噪声干扰下,在有限平均功率的信道上,实现有效和可靠通信的最佳信号是具有白噪声统计特性的信号。因此利用伪随机码扩展待传基带信号频谱的扩展频谱通信系统,其可靠性优于常规通信系统。早在 20 世纪 50 年代,哈尔凯维奇就从理论上证明:要克服多径衰落干扰的影响,信道中传输的最佳信号形式也应该是具有白噪声统计特性的信号形式。扩频函数逼近白噪声的统计特性,因而扩频通信又具有抗多径干扰的能力。

3.3.2　扩频技术的分类

扩展频谱技术按其工作方式可分为[5-6]直接序列扩频法、跳频法、跳时法等。其中水声扩频通信技术主要采用直接序列扩频法和跳频法。

1. 直接序列扩频

直接序列扩频系统是将要发送的信息用伪随机序列扩展到一个很宽的频带上去。在接收端,用与发送端相同的伪随机序列对接收到的扩频信号进行解扩处理,恢复出原来的信息。干扰信号由于与伪随机序列不相关,在接收端被扩展,使落入信号带宽内的干扰信号功率大大降低,从而提高了系统的输出信噪比,达到了抗干扰的目的。

2. 跳频

跳频系统利用产生的伪随机序列控制发送信号的频率,使传输信号的频率按照伪随机的方式在一定频带内跳变,在接收端则使用相同的伪随机序列对信号进行解跳,从而恢复有用信息。因此,与直接序列扩频系统不同,跳频系统是以"躲避"的方式来实现抗干扰的。从单个时隙看,信号的频谱并未被展宽。然而从整个发射时间段来看,跳频系统占用了远大于信息带宽的频谱宽度。

3.3.3 直接序列扩频技术

直接序列扩频具有较强的抗多径干扰能力,可以显著地抑制码间干扰。由于利用了伪随机码的相关特性,只要多径时延大于一个伪随机码的切谱宽度,则可通过相关处理消除多径干扰的影响。甚至还可以利用这些多径干扰的能量提高系统信噪比,改善系统性能。下面对直接序列扩频系统做简要介绍。

1. 直接序列扩频原理

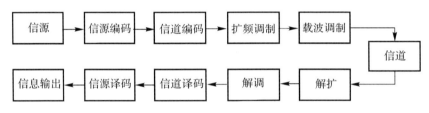

图 3-10 直接序列扩频的组成框图

图 3-10 为直接序列扩频的组成框图,信息流 $a(t)$ 的码元速率为 R_a,码元宽度为 T_a,$T_a = 1/R_a$。$c(t)$ 为伪随机序列产生器产生的伪随机序列,速率为 R_c,切谱宽度为 T_c,$T_c = 1/R_c$。伪随机码速率 R_c 比信息码速率 R_a 大得多,一般 R_c/R_a 为整数,且 $R_c/R_a \gg 1$,所以扩展后的序列的速率仍为伪随机码速率 R_c。扩展后的序列为 $d(t)$,用此扩展的序列去调制载波,将信号搬移到载频上去。采用 PSK 调制,则调制后的信号 $s(t)$ 可表示为

$$s(t) = d(t)\cos w_c t = a(t)c(t)\cos w_c t \tag{3-41}$$

接收机收到的信号经选择放大和混频后,得到以下几部分信号:有用信号 $s_1(t)$、信道噪声 $n_1(t)$、干扰信号 $J_1(t)$ 和其他网的扩频信号 $S_J(t)$ 等,混频后的信号为

$$r_1(t) = s_1(t) + n_1(t) + J_1(t) + S_J(t) \tag{3-42}$$

接收端的伪随机产生器产生的伪随机序列与发射端产生相同的伪随机序列 $c'(t)$。解扩过程和扩频过程相同,用本地的伪随机序列 $c'(t)$ 与接收到的信号相乘。

$$r_1'(t) = r_1(t)c'(t) = s_1'(t) + n_1'(t) + J_1'(t) + S_J'(t) \tag{3-43}$$

其中,$s_1'(t) = s_1(t)c'(t) = a(t)c(t)c'(t)\cos w_c t$。

当本地产生的伪随机序列 $c'(t)$ 与发送端的伪随机序列 $c(t)$ 相同时,有 $c(t)c'(t) = 1$,于是信号分量 $s_1'(t) = a(t)\cos w_c t$。最后通过解调器进行解调,将有用信号解调出来。

噪声分量 $n_1(t)$、干扰分量 $J_1(t)$ 和不同网干扰 $S_J(t)$,经解扩处理后,被大大减弱。$n_1(t)$ 分量,一般为高斯带限白噪声,因而用 $c'(t)$ 处理后,谱密度基本不变,但相对带宽改变,因而噪声功率降低。$J_1(t)$ 分量是人为干扰信号引起的,这些干扰由于与伪随机码不相关,因此,相乘过程相当于扩展频谱过程,将干扰信号功率分散到很宽的频带上,谱密度降低。相乘后的滤波器的频带只能让有用信号通过,因此能够进入解调器输入端的干扰功率只能是与信号频带相同

的那一部分。解扩前后的频带相差甚大,因而解扩后干扰功率大大降低,从而提高了解调器输入端的信噪比和系统抗干扰能力。至于不同网的信号 $S_J(t)$,由于不同网所用的扩频序列不同,对于不同网的扩频信号而言,相当于再次扩展,从而降低了不同网信号的干扰。

2. 直接序列扩频的主要特点

(1)具有较强的抗干扰能力。直接序列扩频系统通过相干接收,将干扰功率扩展到很宽的频带上,使进入信号频带内的干扰功率大大降低,提高了解调器输入端的信噪比,从而提高了系统的抗干扰能力,这种能力和处理增益成正比。

(2)具有很强的隐蔽性和抗侦察性、抗窃听和抗测向能力。直接序列扩频信号的谱密度很低,可使信号淹没在噪声之中,不易被敌方截获、侦察、测向和窃听。

(3)具有选址能力,可实现码分多址。直接序列扩频系统本身就是一种码分多址通信系统,用不同的码可以组成不同的网,组网能力强,其频谱利用率并不因占用的频带扩展而降低。

(4)具有抗衰落能力,特别是抗频率选择性衰落性能好。直接序列扩频信号的频谱很宽,频谱密度很低。当在传输过程中有一小部分频谱衰落时,不会使信号造成严重的畸变。

(5)具有较强的抗多径干扰能力。多径信号到达接收端,由于利用了伪随机码的相关特性,只要多径时延超过伪随机码的一个切谱宽度,则通过相关处理后,可消除这种多径干扰的影响。甚至可以利用多径干扰的能量(Rake 接收机),提高系统的信噪比,改善系统性能。

(6)具有进行高分辨测向、定位的能力。利用直接序列扩频系统伪随机码的相关特性,可完成精度很高的测距和定位。

3. 处理增益与干扰容限

一般用系统输出信噪比与输入信噪比二者之比来表征扩展频谱系统的抗干扰能力。理论分析表明,各种扩展频谱系统的抗干扰性能都大体上与扩频信号的带宽 B 与所传信息带宽 B_m 之比成正比。工程上常以分贝(dB)表示,即

$$G_p = 10\lg \frac{B}{B_m} \qquad (3-44)$$

G_p 称作扩展频谱系统的处理增益,也称扩频增益。它表示扩展频谱系统对信噪比改善的程度。除此之外,扩频系统其他一些性能也大都与 G_p 有关,因此处理增益 G_p 是扩展频谱系统的一个重要指标。

在扩频通信系统中,接收机做扩频解调后,只提取伪随机编码相关处理后的带宽为 B_m 的信息,而排除掉带宽 B 中的外部干扰、噪声和其他用户的通信影响。因此,处理增益表示由于扩展了发送信号带宽而获得的抗干扰能力的增益。

仅由扩展频谱系统的处理增益还无法充分地说明系统在干扰环境下的工作性能,因为通信系统正常工作还需要保证输出端有一定的信噪比,并需扣除系统内部信噪比损失。因此引入干扰容限 M_j,其定义如下:

$$M_j = G_p - \left[(S/N)_{out} + L_s \right] \qquad (3-45)$$

其中,M_j 为抗干扰容限,$(S/N)_{out}$ 为系统正常工作时要求解扩相关器的最小输出信噪比,L_s 为系统的内部信噪比损失。

显然,干扰容限是指在保证系统正常工作的条件下,接收机能够承受的干扰信号功率比有用信号功率高出的分贝数。它直接反映了扩展频谱系统接收机可能抗的极限干扰强度,即只

有当干扰功率与有用信号功率之比超过干扰容限后,才能对扩展频谱系统形成有效干扰。因此,干扰容限往往比处理增益更能确切地反映系统的抗干扰能力。

3.3.4 跳频通信技术

1. 跳频通信工作原理

跳频通信避免了相位跟踪,具有较高的可靠性、良好的远近特性、较强的隐蔽性等特点,且快跳可避免瞄准式干扰。

跳频系统的工作原理:收、发双方传输信号的载波频率按照预定规律(跳频图案)进行离散变化。系统将可用水声信道的带宽划分为若干个子信道(频隙),发送信号的载波频率每隔一定的时间间隔,按跳频图案在不同的频隙中跳变一次。接收机如果能与接收到的信号按同一跳频图案同步解跳,即可恢复出发射信息。跳频系统按其速率可以分为慢跳系统和快跳系统。当用多个频率传输一个比特信息时为快跳系统,否则为慢跳系统。图 3-11(a)为慢跳系统,1个频率传输 1 比特;图 3-11(b)为快跳系统,3 个频率传输 1 比特。快跳频系统中多个频率传送 1 比特信息,在接收端采用分集合并技术[7-8],可有效抵抗水声信道中多径传输引起的频率选择性衰落和部分频带干扰,提高系统的可靠性。

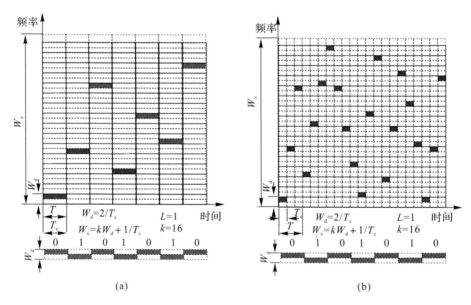

图 3-11 跳频系统示意图
(a)慢跳频示意图;(b)快跳频示意图

2. 抗干扰性能分析

在电子对抗中常见的干扰有[8-13]阻塞噪声干扰、部分频带干扰、单频干扰、多频干扰、脉冲噪声干扰、转发干扰等。对跳频通信有效的干扰是部分频带干扰,这类干扰可以干扰掉跳频频段的一部分,从而影响跳频系统的通信质量。跳频系统主要通过"躲避"方式提高抗部分频带干扰的能力,即只有当干扰能量大于信号能量,且在每次跳频时隙内,干扰信号恰巧位于跳频的频率上,才有可能形成干扰。假设干扰带宽与系统带宽之比为 γ($0<\gamma\leqslant1$),且随机分布在系统带宽内。每一跳被干扰的概率为 γ,不被干扰的概率为 $1-\gamma$。假设 2FSK 信号中两个频率被干扰的概率是相同的。若用 $P(e/l)$ 表示 L 个频率中有 l 个频率被干扰时发生错误的条件概率,则系统误码率可由积累二项分布的表达式给出:

$$p_e = \sum_{l=0}^{L} C_L^l \gamma^L (1-\gamma)^{L-1} P(e/l) \tag{3-46}$$

跳频系统的处理增益为

$$G = W_2/W_1 = q \tag{3-47}$$

其中,W_1,W_2 分别为扩频前、后带宽,q 为跳频系统的频隙数。由式(3-46)及式(3-47)可知,要提高系统的抗干扰能力,就要尽可能增加工作带宽。例如,对于一个有 1 000 个频率的跳频系统来说,假设信号功率为 1 W。如果想要对系统进行完全干扰,在预先知道跳频频率的情况下,干扰信号的功率应大于 1 000 W。要进行这样的干扰几乎是不可能的。

3. 跳频序列与跳频图案

用来控制载波频率按一定规则跳变的多值序列称为跳频序列,跳频序列的特性对跳频通信系统的性能有着决定性的影响。目前可用的跳频序列有以下几类[12]:基于素数序列族构造的跳频序列族、基于 m 序列构造的跳频序列族、基于 M 序列构造的跳频序列族、基于 GMW 序列构造的跳频序列族、基于 Reed-Solomon 码构造的跳频序列族、基于 Bent 序列构造的跳频序列族、基于 P 元伪随机序列构造的跳频序列族以及基于混沌影射序列构造的跳频序列族等。衡量一个跳频序列好坏的标准有以下几个方面[15]:

(1)平衡性[14-17]。伪随机序列作为跳频序列,控制跳频频率变化时,描述序列在各个频率点上出现次数的一个量。衡量跳频序列的平衡特性参数 δ 定义为[16]

$$\delta = \frac{q}{N} \sqrt{\frac{1}{q} \sum_{i=0}^{q-1} \left(f_i - \frac{N}{q}\right)^2} \tag{3-48}$$

式中,q 为频隙数,N 为序列长度,f_i 为第 i 个频率出现的次数。δ 越趋近于 0,说明平衡特性越好,即在每个频率处出现次数相等。平衡性好(平衡特性参数小)的序列,发送信号的能量平均分配到各个频率中,有利于提高系统的抗干扰性能。

(2)汉明相关性[5]。周期汉明相关函数通常用来衡量跳频序列的性能。设两个伪随机序列为 X,Y,长度都为 N,汉明自相关 $H_{XX}(\tau)$ 及互相关 $H_{XY}(\tau)$ 定义为[20]

$$H_{XX}(\tau) = \sum_{i=0}^{N-1} h(X_i, X_{i+\tau}), \quad -N+1 \leqslant \tau \leqslant N-1 \tag{3-49}$$

$$H_{XY}(\tau) = \sum_{i=0}^{N-1} h(X_i, Y_{i+\tau}), \quad -N+1 \leqslant \tau \leqslant N-1 \tag{3-50}$$

式中
$$h(X,X) = \begin{cases} 0, X \neq X' \\ 1, X = X' \end{cases}, \quad h(X,Y) = \begin{cases} 0, & X \neq Y \\ 1, & X = Y \end{cases}$$

通常要求自相关旁瓣低,互相关峰值低。相关性的好坏,关系到跳频图案的多址以及同步性能。跳频序列的平均汉明自相关旁瓣和互相关定义为

$$\langle H_{XX} \rangle = \frac{1}{N-1} \sum_{\tau=1}^{N-1} H_{XX}(\tau) = \frac{N}{q} \tag{3-51}$$

$$\langle H_{XY} \rangle = \frac{1}{N-1} \sum_{\tau=0}^{N-1} H_{XY}(\tau) = \frac{N}{q} \qquad (3-52)$$

(3)跳频间隔[19-20]。跳频间隙指任意相邻的两个跳频码之间的间隔,即

$$d = |X_{n+1} - X_n| \qquad (3-53)$$

一个序列 X_n 的平均跳频间隔定义为

$$D = \frac{1}{N} \sum_{n=0}^{N-1} |X_{n+1} - X_n| \qquad (3-54)$$

跳频通信系统采用宽跳频间隔的序列,可以有效地对抗通信信道中的多径干扰。

在跳频序列的控制下,载波频率跳变的规律称为跳频图案[5]。跳频图案就是频率跳变的规律,它是时间和频率的函数,有时也称为时-频矩阵。跳频图案不同,其抗干扰的效果也不尽相同。当跳频图案的随机性越大时,跳频的抗干扰能力越强;跳频图案的长度越长时,频率与时间乘积越大,可容纳的随机图案也越多,跳频图案的随机性也就越大,从而抗干扰能力也就越强。一个好的跳频图案通常要考虑以下几点:图案随机性(平衡性)要好;图案的数目要足够多,密钥量要大,这样抗干扰和抗截获能力强;各个图案之间出现的频率重叠机会要小,图案的正交性(相关性)要好;跳频带宽要宽,跳频的频率数目要多,跳频的速率要快,跳频码的周期要长,同步时间要短。

参考文献

[1] John G, Proakis. Digital Communication [M]. New York:Fourth Edition The McGraw—Hill Companies, Inc, 2001.

[2] 张海滨. 正交频分复用的基本原理与关键技术[M]. 北京:国防工业出版社,2006.

[3] 张歆. 基于声场模型的水声通信特性与系统设计的研究[D]. 西安:西北工业大学,2000.

[4] 戴耀森. 高频时变信道[M].北京:人民邮电出版社,1979.

[5] Gerard Loubet, Vittorio Capellano, Richard Filipiak. Underwater Spread—Spectrum Communication [C]. OCEANS'97. MST/IEEE Conference Proceedings,1997(1):574-579.

[6] 曾兴雯,刘乃安. 通信中的扩展频谱技术[M],西安:西安电子科技大学出版社,1995.

[7] Teh K C, Kot A C,Li K H. Partial—band Jamming Rejection of FFH/ BFSK with product Combining Receiver Over a Rayleigh—fading Channel[C]. IEEE Communications Letters,1997(3):64-66.

[8] Teh K C, Kot A C,Li K H. Multitone Jamming Rejection of FFH/ BFSK Spread 2 Spectrum System Over Fading Channels[C]. IEEE Transactions on Communications,1998(46):1050-1057.

[9] 郭伟. 跳频通信的干扰方式研究[J].电子科技大学学报,1996(25):451-455.

[10] Dixon R C,Spread Spectrum Systems With Commercial Applications[M]. 2nd Edition,NewYork:John Wiley &Sons, 1984.

[11] Merrill Skolnik. Radar Handbook[M].NewYork:McGraw—Hill Profeesional, 1989.

[12] 梅文化,杨义先. 跳频序列设计理论的研究发展[J]. 通信学报,2003,24(2):92-101.

[13] 梅文华,杨义先. 跳频通信地址编码理论[M]. 北京:国防工业出版社.1996.

[14] Massey J L. Shift Register Synthesis and BCH Decoding[J]. IEEE Transactions on Information Theory, 1969,15(1):122-127.

[15] Maurer U M. A Universal Statistical Test for Random Bit Generators[M]. New York:dvances in

Cryptology - CRYPTO'90,1979:409-420.

[16] 骆文,甘良才. 一种组合映射产生混沌跳频序列的方法[J]. 电波科学学报. 2001,16(3):375-378.

[17] 米良,朱中梁. 一种基于 Logistic 映射的混沌跳频序列[J]. 电波科学学报,2004,19(3):333-337.

[18] Yongmei C W. Applying chaos in secure communications [D]. Ithaca:Cornell University,1997.

[19] Ling Cong, Sun Songgen. Chaotic Frequency Hopping sequences[J]. IEEE Transactions on Communications [J], 1998,46(11):1433-1437.

[20] 凌聪,孙松庚. 用于跳频码分多址通信的混沌跳频序列[J]. 电子学报,1997,27(1):67-69.

第4章 水声网络的多址接入

4.1 概　　述

媒质接入控制(Medium Access Control,MAC)层是数据链路层的一个子层,管理媒质接入,也称为多址接入控制(Multiple Access Control,MAC)层。当多个终端同时访问同一资源(如共享的通信信道)时,可能会产生传输碰撞导致通信失败。为了有效改善这一问题,提高传输成功率,我们需要采用某种机制来决定资源的使用权,这就引入了网络的多址接入控制。所谓多址接入控制,是指一种尽可能地让网络中多个用户能够高效地共享同一个物理链路资源的方法。

MAC 协议将有限的资源分配给多个用户,从而实现多用户之间公平、有效地共享有限的带宽资源,获得尽可能高的网络吞吐量以及尽可能低的系统时延。在水声网络中,MAC 协议组织协调各节点接入声信道。如果没有 MAC 协议,不同节点间的传输碰撞可能会影响网络的整体性能。MAC 协议最基本的目标是避免碰撞和冲突,但通常情况下还会考虑网络吞吐量、延迟、能量效率、可扩展性和自适应性。根据应用和需求的不同,不同的 MAC 协议的侧重点也会有所不同。

MAC 协议主要分为固定多址接入协议、随机多址接入协议和预约多址接入协议。其中固定多址接入协议是指在用户接入信道时,系统专门为其分配一定的信道资源(如频率、时隙、码字或空间),用户独享该资源直到传输结束;固定多址方法包括频分多址接入(Frequency-Division Multiple Access,FDMA)、时分多址接入(Time-Division Multiple Access,TDMA)、码分多址接入(Code-Division Multiple Access,CDMA)和空分多址接入(Space-Division Multiple Access,SDMA)4 种基本类型。随机多址接入协议是指用户可以随时接入信道,并且可能不会顾及其他用户是否在通信,但当信道中同时有多个用户接入时,就可能会发生冲突(碰撞);这类协议避免了提前分配资源给独立的用户,节点(用户)与其他的节点(用户)按需求竞争占据信道。因此,竞争型多址接入协议如何解决冲突,从而使所有用户都可以成功传输数据是一个非常值得关注的问题。预约多址接入协议,是指在数据分组传输之前用户先进行资源预约,一旦预约到资源,则在该资源内用户可进行无冲突的传输。

从排队论的观点出发,多址信道可以看成一个多进单出的排队系统(即该系统有多个输入而仅仅有一个输出),如图 4-1 所示。每一个节点都可以独立的产生分组,而信道则相当于服务员,它要为各个队列服务。由于各个排队队列是相互独立的,各节点无法知道其他队列的情况,服务员也不知道各个队列的情况,所以增加了系统的复杂性。如果可以通过某种措施,使各个节点产生的分组在进入信道之前排列成一个总的队列,然后由信道来服务,则可以有效地避免分组在信道上的碰撞,大大提高信道的利用率。

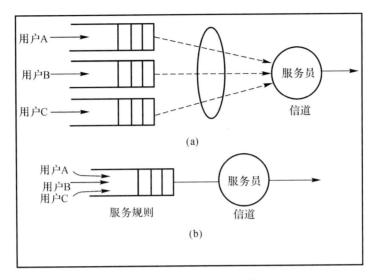

图 4-1　多址接入的系统模型

(a)多址信道的等效模型;(b)理想的多址接入协议的等效模型

4.2　网络时延模型

由 1.3 节可知,衡量网络传输能力的重要指标之一是将一个分组从源节点传到目的节点的时延。对时延的考虑将会影响整个网络算法和协议的选择。因此必须首先了解网络时延的特征和机制,以及网络时延取决于哪些网络特征。

网络中的时延通常包括 4 个部分:处理时延、排队时延、传输时延和传播时延。处理时延是指节点为存储或者转发数据而对分组进行相关处理所产生的时延。排队时延是分组进入传输队列到该分组实际进入传输的时延。传输时延是指发送节点在传输链路上开始发送分组的第一个比特至发完该分组的最后一个比特所需的时间。传播时延是指发送节点在传输链路上开始发送的一个比特至该比特到达接收节点的时延。具体示意图如图 4-2 所示。

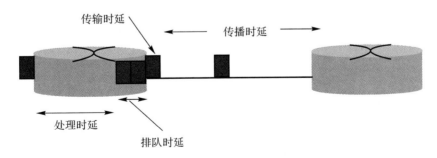

图 4-2　网络时延

本节首先介绍用于网络时延特性分析的 Little 定理,其次讨论常见的 M/M/1 排队系统。

4.2.1 Little 定理

排队是日常生活中最常见的现象,如去食堂排队就餐,去银行办理业务等,可用图 4-3 的模型来描述一个排队的过程[1]。下面从三个方面描述该排队模型:

一是顾客到达的规则或行为。它由顾客到达的数目、到达间隔以及到达的方式等参数特征决定。

二是排队规则,即等待制还是损失制。等待制是指系统忙时,顾客在系统中等待。损失制是指顾客发现系统忙时,立即离开系统。

三是服务规则和服务时间。服务规则可以是无窗口、单窗口和多窗口。而服务时间可以是确定的,也可以是随机的。

图 4-3 排队模型

在排队系统中,已知量有两个:一是顾客到达率(指单位时间内进入系统的平均顾客数);二是服务速率(指系统处于忙时单位时间内服务的平均顾客数)。要求解的量也有两个:一是系统中的平均顾客数(它是在等待队列中和正在接受服务的顾客数之和的平均数);二是每个顾客的平均时延(即每个顾客等待所花的时间加上服务时间之和的平均值)。

令 $N(t)$ 为系统在 t 时刻的顾客数,N_t 表示在 $[0,t]$ 时间内的平均顾客数,即

$$N_t = \frac{1}{t} \int_0^t N(t) \, \mathrm{d}t \tag{4-1}$$

系统稳态(即是假设系统排队的人数总是不变,有多少人离开就有多少人来排队)时的平均顾客数为

$$N = \lim_{t \to \infty} N_t$$

令 $a(t)$ 为 $[0,t]$ 时间内到达的顾客数,则在 $[0,t]$ 内的平均到达率为

$$\lambda_t = \frac{a(t)}{t} \tag{4-2}$$

稳态平均到达率为

$$\lambda = \lim_{t \to \infty} \lambda_t$$

令 T_i 为第 i 个到达的顾客在系统内花费的时间(时延),则在 $[0,t]$ 内顾客的平均时延为

$$T_t = \frac{\sum_{i=0}^{a(t)} T_i}{a(t)} \tag{4-3}$$

稳态的顾客平均时延为

$$T = \lim_{t \to \infty} T_t$$

N,λ 和 T 有如下关系:

$$N = \lambda T \tag{4-4}$$

式(4-4)就是 Little 定理。该定理表明:

系统中的用户数=用户的平均到达率×用户的平均时延

4.2.2 M/M/1 排队系统

"M/M/m"是排队系统的通用表示法。第一个字母表示到达过程的特征,M 代表无记忆的 Poisson 过程;第二个字母表示服务时间的概率分布,M 代表指数分布,G 代表一般分布,D 代表确定性分布;第三个字母表示服务员的个数。这里主要讨论 M/M/1 排队系统。

对于 M/M/1 排队系统,其到达过程是到达率为 λ 的 Poisson 过程,也就是在一个时间区间 τ 内,到达的用户数服从参数为 $\lambda\tau$ 的 Poisson 分布,即

$$P(A(t+\tau)-A(t)=n)=\mathrm{e}^{-\lambda\tau}\frac{(\lambda\tau)^n}{n!}, \quad n=0,1,2,\cdots \tag{4-5}$$

而时间间隔 $\tau_n=t_{n+1}-t_n$ 相互独立,且服从指数分布,其概率密度函数为

$$P(\tau_n)=\lambda\mathrm{e}^{-\lambda\tau_n} \tag{4-6}$$

服务过程服从指数分布,服务速率为 μ,服务员的数目为 1。设第 n 个用户的服务时间为 S_n,则其概率密度函数可描述为

$$P(S_n)=\mu\mathrm{e}^{-\mu S_n} \tag{4-7}$$

系统允许排队的队长可是无限的,且到达过程与服务过程相互独立。通过分析可得系统中的平均用户数为[1]

$$N=\frac{\rho}{1-\rho}=\frac{\lambda}{\mu-\lambda} \tag{4-8}$$

这里 $\rho=\dfrac{\lambda}{\mu}$ 是到达率与服务速率之比,它反映了系统的繁忙程度。当 ρ 增加时,N 将随之增加;当 ρ 趋近于 1 时,N 将趋近于 ∞。利用 Little 定理,可求得用户的平均时延为

$$T=\frac{N}{\lambda}=\frac{\rho}{1-\rho}\frac{1}{\lambda}=\frac{1}{\mu-\lambda} \tag{4-9}$$

通过简单的证明,可以求得用户的时延是服从均值为 T 的指数分布。由于每个用户的平均服务时间为 $\dfrac{1}{\mu}$,则每个用户的平均等待时间为

$$W=T-\frac{1}{\mu}=\frac{\lambda}{\mu}\frac{1}{\mu-\lambda}=\frac{\rho}{\mu(1-\rho)} \tag{4-10}$$

系统中的平均队长为

$$N_Q=\lambda W=\frac{\lambda^2}{\mu(\mu-\lambda)}=\frac{\lambda}{\mu}\frac{\rho}{1-\rho} \tag{4-11}$$

4.3 固定多址接入

固定多址接入协议又称为无竞争多址接入协议或静态分配的多址接入协议。这一协议为每个用户固定分配一定的系统资源,其优点在于可以保证用户之间的"公平性"以及稳定的数据平均时延。典型的固定多址接入协议有频分多址(FDMA)、时分多址(TDMA)、码分多址

(CDMA)及空分多址(SDMA)等。本节重点讨论频分多址、时分多址和码分多址协议。

4.3.1 频分多址接入

1. 接入原理

如图4-4所示,FDMA协议把通信系统的总频段划分成若干个等间隔的频道(或称信道),并将这些频道分配给不同的用户使用,这些频道之间互不交叠。FDMA的最大优点是用户相互之间不会产生干扰。当用户数较少且数量大致固定、每个用户的业务量都较大时(比如在电话交换网中),FDMA是一种有效的分配方法。但是,当网络中用户数较多且数量经常变化,或者通信量具有突发性的特点时,采用FDMA就会产生一些问题。最显著的两个问题是:当网络中的实际用户数少于已经划分的频道数时,许多宝贵的频道资源就白白浪费了;而且当网络中的频道已经分配完后,即使这时已分配到频道的用户没有进行通信,其他一些用户也会因为没有分配到频道而不能通信。

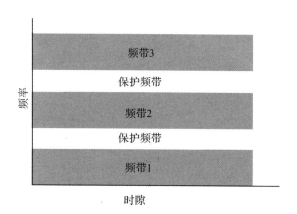

图4-4 FDMA的基本思想

2. FDMA在水声网络中的应用

FDMA是一种有潜力的竞争避免型媒质接入协议,允许节点在相同的总频带内,同一时间发送和接收数据,且不干扰其他节点。但是FDMA在水声网络中会面临一些困难,原因在于水声信道的物理特性:可用带宽有限,多径传播导致严重的频谱衰落等。采用FDMA时,网络节点数越多就意味着每个节点能够获得的频带越窄,且由于频谱衰落导致部分节点的信号甚至可能被完全衰落掉。基于这些原因,FDMA不适合在水声网络中使用。导致FDMA不适于水声网络的另一个原因是窄带滤波器实现难度高。然而当不同用户的频带相互正交时,比如在OFDMA中问题则可以得到解决。需要说明的是,FDMA不能完全避免竞争,假设为每一个节点分配一个发射频率,几个节点也有可能同时试图寻址相同的目的节点,这样会产生竞争,除非目的节点能够同时接收这几个频率,而这可能会带来较高的硬件复杂度需求。

在Seaweb'98[2]项目中,采用FDMA将5kHz的声信道带宽分为120个MFSK独立单元。这种调制方式支持40个MFSK单元的三层交错集使用。但是为了减少媒质接入干扰(Medium Access Interference,MAI),一半的可用带宽并未使用,也就是每个节点只有20个可用的MFSK单元。该项目中所有节点形成三个簇,簇内使用TDMA,簇间MAC协议使用

FDMA。Seaweb'99 在网络自身配置上做了进一步的改进,允许自主配置 FDMA 接收端频率。Seaweb'98 和 Seaweb'99 试验都表明,FDMA 不易实现且信道带宽利用率低下。所以 Seaweb 2000 开始尝试基于 CDMA/TDMA 的混合接入方法。

4.3.2　码分多址接入

1. 接入原理

CDMA 被认为是水声网络中很有前景的一种物理层和 MAC 层技术。其主要原理是使用扩频编码来调制信息流。具体来讲就是,将需要传送的有一定信号带宽的数据,用一个带宽远大于信号带宽的伪随机序列码进行调制,使原数据带宽被扩展,不同的用户使用不同的相关性较低的伪随机序列码,如图 4-5 所示。这样就可以允许多个用户同时进行数据传输,节点能够利用链路的全部带宽,接收端利用不同的伪随机序列区分不同用户。

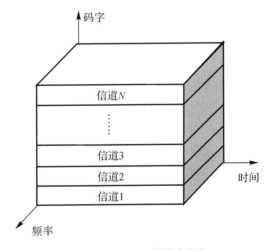

图 4-5　CDMA 的基本思想

CDMA 相对于 FDMA 的主要优势是在频率选择性衰落方面其鲁棒性更高,因为所有的节点使用整个频率带宽。相对于 TDMA 的主要优势在于所有节点能够同时接入信道。CDMA 的主要开销在于为了保证伪随机序列的低相关性要求码字长度较长,而较长的码字会降低数据速率。此外,声信道的多普勒效应也会改变码字之间的相关性。并且,CDMA 需要在物理层建立相应复杂的针对多用户的检测解调算法。常用的码分多址方法有直接序列 CDMA 和跳频 CDMA。近年来,又出现了交织区分多址接入(Interleave-Division Multiple Access,IDMA)[3],就是利用 Turbo 码系统中不同的交织器来区分不同用户,这也可以视为是 CDMA 的一个子类别。

2. 远近效应

当接收端来自不同节点的信号声压水平相当时,CDMA 性能最佳。然而,如果一个节点的声压水平低于另一个节点,信号强的节点就会干扰信号弱的节点的检测或者解调,从而导致传输失败,这就是远近效应问题。对于 CDMA 固有的远近效应问题,解决方法主要有两种:动态调整发射功率或使用更长的伪随机序列码,但是更长的伪随机序列码的使用将导致更低的数据速率。

另外,"远近效应"这个名称在水声网络中可能存在误导,因为在水声网络中距离只是影响接收端处声压的因素之一。由于水声信道的空变特性,收、发节点的水深度也会影响接收信号的强度,如果将 CDMA 方法应该用于这种环境中,网络就必须调整声源级和码长度才能保证有效的接收端声压水平。当接收机是一个活动范围或深度变化的 AUV 时,网络就需要不断更新这些设置值。CDMA 应用于水声网络的分布式多跳环境时,复杂的远近效应问题与接收端硬件需求,使得其在水声网络中的实现变得复杂。

3. 典型协议

Xie 和 Gibson 提出了一种集中式 CDMA 协议[4],主控节点生成一个树形拓扑,以固定的时间间隔更新路由、码字、功率水平等。这样限制了请求发送/允许发送(Request To Send/Clear To Send,RTS/CTS)帧的交换次数,也降低了每一条路由上的时延。这个机制支持新节点的动态加入,允许失效节点从网络中移除。该机制控制每一个节点的传输范围,在网络的不同地理位置上允许使用相同的码字。

Tan 和 Seah 为水下传感器网络提出一种分布式的 CDMA 协议[5]。该协议包括一次三个包(RTS-CTS-DATA)的握手过程,但是在收集多节点的 RTS 之后只回复一个 CTS,通知这些节点。随后,这些节点发送数据,且由于 CDMA 的特性,这些节点的信号将被同时接收。仿真显示该协议能够获得较高的吞吐量。

4.3.3　时分多址接入

1. 接入原理

TDMA 多址接入协议将时间分割成周期性的帧,每一帧再分割成若干个时隙(无论帧或时隙都是互不重叠的),然后根据一定的时隙分配原则,使每个用户只能在指定的时隙内发送数据。在 TDMA 系统中,用户每一帧可以占用一个时隙,如果用户在已分配的时隙上没有数据传输,则这段时间将被浪费。

2. 长传播时延网络中的时分多址接入

在采用时分多址接入协议的网络中,由于节点在特定时期内可以使用全部的带宽发送数据,为此能够获得比 FDMA 更好的抗频率选择性衰落性能。对于传播时延比较长的水声网络,TDMA 的多个传输过程必须一个接一个完成以避免冲突。换句话说,在具有长传播时延的网络中,在不同的时隙发送数据,并不能保证在接收端处不发生碰撞,即 TDMA 并不能完全避免冲突。例如,节点 A 和 B 分别在不同的时隙向邻节点 C 发送数据帧,由于传播时延长且存在差异,这时就很有可能发生碰撞,如图 4-6 所示。

一个数据包的传输过程 T 由开始时间 t_S 和结束时间 t_E 表示,且 $t_S < t_E$。传输长度 τ 表示为

$$\tau = t_E - t_S \qquad (4-12)$$

当来自节点 A 的传输 t_1 和来自节点 B 的传输 t_2 在节点 C 处的关系满足式(4-13)时冲突就会产生,其中 $p_{x,y}$ 指节点 x 和节点 y 之间的传播时延。如果重叠部分的信号信干比(SINR,信号功率/(干扰+噪声)功率)过高,信号就不能被解码,数据包就会丢失。

$$[t_{1s}+p_{A,C},t_{1E}+p_{A,C}]\bigcap[t_{2s}+p_{B,C},t_{2E}+p_{B,C}]\neq\varnothing \qquad (4-13)$$

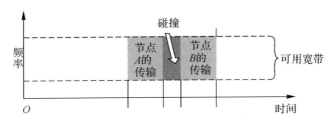

图 4-6　采用 TDMA 时，节点 C 处的数据传输碰撞

3. 水声网络中的时分多址接入

在 TDMA 中，每一个时帧被划分为固定的长度为 w 的时隙，然后重复循环，如图 4-7 所示。网络中时隙的安排是统一的，所以网络中所有节点必须时间同步。时间同步可以提前完成或者在水下初始化节点时完成，需要消耗额外的能量和时间。

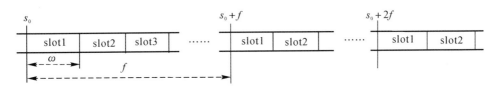

图 4-7　TDMA 机制

在 TDMA 中，每一个时隙分配给网络中一个节点，节点能够在时隙内使用全部的带宽。为了保证无竞争的通信，在两个时隙之间引入保护间隔，间隔长度取决于最大传播时延和同步精度要求，如图 4-8 所示。下一个时隙的开始必须在前一个时隙的数据包传播到所有的邻节点之后，以消除可能的部分信号重叠。为此，信道带宽无法被全部利用，这时信道利用率可以用式（4-14）表示。其中 $p_{\max}$ 是最大的传播时延，Δ 是最大的同步差异，w 是时隙长度。考虑到水声网络中存在声传播速度较低的问题，TDMA 不太适用于具有长传输距离的大范围网络。

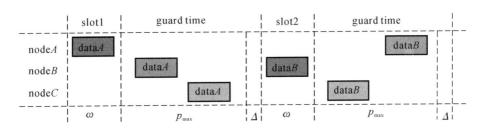

图 4-8　具有保护间隔的 TDMA 多址接入

$$\mathrm{Utilization}=\frac{w}{w+p_{\max}+\Delta} \qquad (4-14)$$

TDMA 中的时隙分配可以集中安排，由主控节点完成，或者分布式的安排，由每一个节点自己决定。集中式是较为普遍的方式，集中的主控节点，例如由浮标网关节点管理时隙分配。主控节点和其从属节点形成一个蜂窝，且从属节点必须在主控节点的通信范围内。当多节点形成一个多跳网络时，单个的蜂窝能够结合起来形成一个网络簇，主控节点通过骨干网连接起来。为了降低相邻簇间的干扰,TDMA 可以和 FDMA 结合,每一个 TDMA 蜂窝使用一个频带。在分布式时隙分配中,每一个节点必须自己选择自己的时隙。如果节点传输范围不重叠,则能够在不同空间上实现时隙复用。

在 TDMA 的时隙分配中,不仅是谁来分配时隙会不同,何时分配时隙也是不同的。每一个节点可以在进入网络时获得一个时隙或者当节点有数据需要发送时按需求动态地获得时隙。下面将介绍两种不同的 TDMA 时隙分配机制。

(1)静态 TDMA。在静态 TDMA 中,每个节点的时隙分配表是在进入网络时预先配置好的。由于固定时隙长度的原因,每个节点拥有确定的数据速率,即

$$节点数据速率 = \text{Utilization} \times \frac{每帧节点分配的时隙数}{一帧内的时隙总数} \times 信道数据速率 \qquad (4-15)$$

如果节点周期性地发送数据包或者对保证数据率和最大信道接入时延有服务质量(QOS)需求时,确定的数据率是很大的优势。这里,时隙长度 w 会同时影响信道接入时延和信道利用率。在水声网络中为了避免冲突必须选择一个较大的时隙长度,这将会导致较大的时延和较低的信道利用率。从这个意义上讲,静态 TDMA 适用于延迟容忍和信道利用率容忍的情形。

(2)动态 TDMA。如果网络通信量相对平稳,例如语音数据,TDMA 的固定时隙分配方案对保证固定的数据率和信道接入时延是有好处的。但是如果网络通信量是基于事件触发的,具有一定的突发性和随机性,那么就存在一些节点可能没有数据发送,时隙处在空闲状态,而其他节点需要多个时隙发送突发的大量数据的情形,这时需要采取动态 TDMA 机制。在动态 TDMA 机制中,当节点有数据准备好要发送时,可以根据需要请求可变的时隙个数,在规定的控制时隙内发送特殊请求控制包。所有的时隙都通过这种方式分配,或者在固定分配时隙之外有个额外的未分配时隙子集,这种方式能够保证最小的数据率,也允许按需提高数据率。

4.4　随机多址接入

如果网络负载不是周期的、均匀的分布在所有节点上,而是基于事件突发随机地生成在网络部分节点上,这样在一段时间内给予这部分节点全部的带宽会更有效率。但是,如果多个网络节点被分配在同一个信道,信号就有可能在同一个接收机处重叠,导致数据包丢失。还有,许多水声调制解调器都是半双工的,所以当节点正在发送数据时,到达这一节点的数据包也会丢失。

随机多址接入直接发送数据,不需要为获得信道使用权进行提前分配。网络中的节点在网络中的地位是等同的,各节点通过竞争获得信道的使用权。为了避免来自其他节点的干扰,可以加入信道载波侦听,如果信道一直忙碌,则传输将会推迟,之后在某个时间点上再次侦听信道。本节从 ALOHA 协议开始讨论随机接入协议。

4.4.1　ALOHA 协议

ALOHA 是夏威夷人的问候语,表示"你好、欢迎或再见"。ALOHA 协议是 20 世纪 70 年

代夏威夷大学建立的在多个数据终端到计算中心之间的通信网络中使用的协议。在其最原始的版本中,既没有信道侦听也没有重传,仅仅是当一个空闲的节点有一个分组到达时,就立即发送该分组,并期望不会和其他节点发生碰撞。ALOHA 协议没有任何冲突避免机制,数据包丢失时常发生。

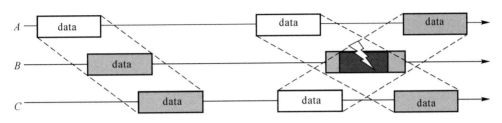

图 4 - 9　ALOHA 信道接入冲突模型

ALOHA 的改进版本包含载波侦听,称为 ALOHA - CS 协议。每一个节点发送数据之前感知信道状况,等待直到信道空闲。但是载波侦听不能完全保证冲突避免,尤其是在传播时延较大的环境中。如图 4 - 9 所示,节点 A 和节点 C 在发送数据前都感知到信道空闲,但仍然在节点 B 处发生冲突。

为了检测冲突,ALOHA 协议可以增加确认包,也就是确认型 ALOHA(又称为 ALOHA - ACK),当接收端正确接收数据包的时候会回复 ACK 包。节点在未收到 ACK 包之前不会发送下一个包。如果数据包丢失,节点在指定时间内则无法收到 ACK 包,那么定时器超时之后节点为了避免新的冲突,会随机等待一段时间,然后重新发送当前数据包,如图 4 - 10 所示。

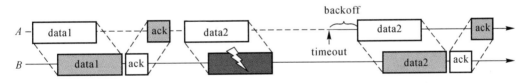

图 4 - 10　具有确认机制的 ALOHA 重传过程

在网络负载较高的网络中,ALOHA 协议由于过多的冲突导致效率低下和能量浪费严重。然而在网络负荷不高或大范围稀疏网络中,ALOHA 协议表现出较好的性能。总体来讲,ALOHA 对于数据包传输时间较短且冲突较少的突发性传输场景是一个不错的选择。

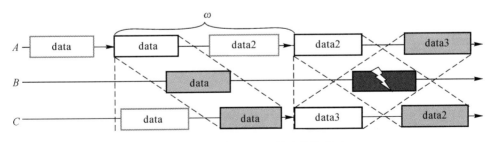

图 4 - 11　时隙 ALOHA 信道接入策略

ALOHA 的时隙版本,即时隙 ALOHA[6],保持了原始 ALOHA 协议的设计原则,不同的是,数据传输只能在下一个时隙的开始进行,如图 4 - 11 所示。与 TDMA 不同,时隙 ALOHA 协议不将一个时隙固定地分配给某个节点,仅仅要求传输要在时隙的开始进行,因此当多个节点选择相同的时隙时依然存在冲突的可能。然而,在水声网络中即使两个节点选择相同的时隙传输数据,也不一定会发生冲突,图4-11中节点 A 和节点 C 同时向对方发送数据帧,由于较长的传播时延的存在相互能够无冲突地接收到对方的数据。但若接收节点是节点 B,数据帧则会发生传输冲突。可以看出,长传播时延网络中是否发生冲突不仅受发送时间的影响,同时也会受到收、发节点的空间位置的影响。

下面结合 4.2 节介绍的时延模型分析时隙 ALOHA 协议的性能。若某时隙内,只有一个分组到达(新到达的分组或重传到达的分组),则该分组会传输成功;若某时隙内到达两个或两个以上的分组,则会发生碰撞(为简化分析,这里假设传播时延非常小,可以忽略不计)。碰撞的分组随机时延若干个时隙后重传,这样可以有效地避免再次互相碰撞。

一个时隙内到达的分组包括新到达分组和重传分组。设新到达分组是到达率为 λ(分组数/时隙)的 Poisson 过程;假定重传的时延足够随机化,则我们可以近似认为重传分组和新到达分组的到达过程之和是到达率为 $G(>\lambda)$ 的 Poisson 过程,于是一个时隙内有一个成功传输分组的概率为 Ge^{-G},将其定义为系统的通过率(S)(单位时间内成功传输的分组数与单位时间内能够传输的分组数之比),即

$$S = Ge^{-G} \tag{4-16}$$

若分组长度为一个时隙宽度,则系统通过率就是一个时隙内成功传输所占的比例(或一个分组成功传输的概率)。那么,T 个时隙内有 k 个分组到达的概率为

$$p_k(T) = \frac{(GT)^k e^{-GT}}{k!} \quad (k=0,1,2,\cdots) \tag{4-17}$$

当 k 和 T 均取值为 1 时,即为系统的通过率 S。

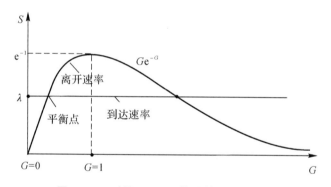

图 4-12 时隙 ALOHA 协议的通过率曲线

时隙 ALOHA 的通过率曲线如图 4-12 所示。当 $G=1$ 时,系统通过率最大,为 $1/e \approx 0.368$;当 $G<1$ 时,空闲时隙较多;当 $G>1$ 时,则碰撞较多,同样性能较低。所以为达到最佳性能,应该尽量使得 G 在 1 附近变化。在系统稳态情况下,应该有 $S=\lambda$,即新分组到达率等于系统通过率(或称系统的离开速率)。

对应的非时隙 ALOHA 协议,新分组到达立即发送,若碰撞则随机时延后重传。假定分组长度为单位长度,分组在 t 时刻到达并开始传输,则在 $(t-1,t+1)$ 内任意时刻到达和传输的其他分组都会与 t 时刻到达的分组发生碰撞。所以一个分组成功传输的概率就是在 t 时刻前后各一个单位时间内无分组到达的概率,即连续两个单位时间内均无分组到达的概率,表示为

$$P_{\text{succ}} = (e^{-G})^2 = e^{-2G} \tag{4-18}$$

所以系统的通过率为

$$S = G P_{\text{succ}} = G\, e^{-2G} \tag{4-19}$$

其最大值为 $1/2e \approx 0.184$。它是时隙 ALOHA 协议最大值的一半,且最大通过率对应的 $G = 0.5$ 而不是 1.0,图 4-13 所示为其对应的通过率曲线。

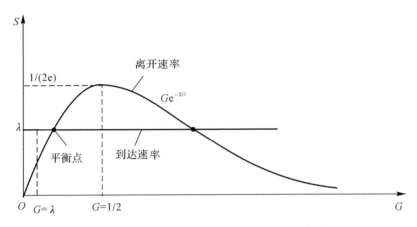

图 4-13　非时隙 ALOHA 协议的通过率曲线

相比而言,时隙 ALOHA 协议的效率更高,但是分组长度固定不可变。而非时隙 ALOHA 协议初次接入的时延较小,而且简单,分组长度可变。这些优点从某种程度上弥补了通过率上的损失。但是总体来说,ALOHA 协议在网络信息量突变的情况下性能不佳。

4.4.2　载波侦听多址接入(CSMA)

载波侦听多址接入(Carrier Sense Multiple Access,CSMA)协议中,如果一个节点有数据要发送,它首先检测信道是否空闲,若信道忙则等到信道空闲后再传输,这样可以减少待发送数据与正在传输数据之间的碰撞,提高系统利用率。但是当多个节点等待信道空闲时,一旦检测到信道空闲,它们会立即同时接入信道,这样会导致冲突。

为了应对这种同步接入带来的影响,CSMA 有许多不同机制。第一个版本为 P-坚持型 CSMA,其中 $0 < P \leqslant 1$,当节点检测到信道空闲时,以概率 P 发送数据,以概率 $1-P$ 等待一个特定的退避时间。当信道又空闲时,节点继续以 P 概率发送数据。第二个版本为非坚持型 CSMA,增加了随机退避时间,同样若信道空闲则立即发送数据,若信道忙,则节点随机退避一段时间且不再跟踪检测信道状态,延迟结束后节点再次检测信道状态并重复上述过程,如此循环直到该数据成功发送。随机退避有效减小了当多个节点等待信道空闲时由于同时发送数据而带来冲突的概率,如图 4-14 所示。

CSMA 是为陆地无线网络开发的,这种退避算法在传播时延大的水声网络是否依然能够减少冲突还有待于被证明。如果节点不是均匀分布的,传播时延和传输时间相差较大,这样由于同时发送数据所带来的冲突就会较少。

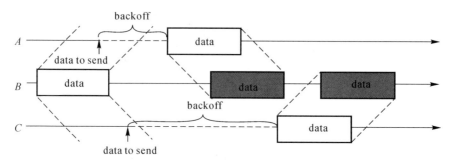

图 4 - 14　载波侦听退避机制

4.4.3　IEEE 802.11 协议(CSMA/CA)

IEEE 802.11 协议是国际电工电子工程学会(IEEE)为解决无线局域网络设备互连,于 1997 年 6 月提出的标准,定义了物理层和介质访问控制 MAC 层协议的规范,主要用于解决办公室局域网和校园网中用户与用户终端的无线接入。由于它在速率和传输距离上都不能满足人们的需要,所以之后又对 802.11 进行进一步完善和修订,相继提出了 802.11b 和 802.11a 等新标准,这一系列协议都归为 IEEE 802.11 协议组。

在 IEEE 802.11 协议中,采用的基本多址技术是载波侦听冲突避免(Carrier Sense Multiple Access with Collision Avoidance CSMA/CA)。在冲突避免策略中,节点通过载波侦听发现信道忙则保持静默,之后时延传输并采用随机退避机制,在最大程度上减小冲突。

IEEE 802.11 的基础是载波侦听,这里载波侦听主要包含两部分:一部分是物理载波侦听,即物理层对接收天线接收的有效信号进行监测,如果发现有效信号则认为信道忙;另一部分则是虚拟载波侦听,这个主要利用网络分配向量(Network Allocation Vector NAV)来实现,NAV 中存放的是信道使用情况的预测信息。节点监听到的信道上的信号,用其 MAC 帧中的持续时间字段声明的传输时间来更新 NAV。这里的 NAV 可以看作一个以某个固定速率递减的计数器。当其值为 0 时,虚拟载波监测认为信道空闲;当其值不为 0 时,则会认为信道忙。只有当上述两部分都指示为信道"空闲"时,载波侦听才认为信道"空闲"。

IEEE 802.11 标准考虑了两种 MAC 算法:一种是分布式访问控制协议,又称为分布式协调功能(Distributed Coordination Function DCF),利用载波监听机制,各节点通过竞争获取发送权;另一种是中央访问控制协议,又称为点协调功能(Point Coordination Function PCF),由主控节点进行访问的协调,集中控制接入,通过类似轮询的方式将数据发送权交给各节点,从而使各节点能够无竞争地使用信道,避免了碰撞。因此,DCF 适用于由地位等同的节点组成的网络及具有突发性通信的无线局域网,而 PCF 则适用于由一些互连的无线节点和一个连到骨干有线局域网的基站组成的网络,尤其适用于时间敏感的数据业务或者高优先权数据传输网络。

DCF 有两种工作方式,分别是基本工作方式 DATA－ACK 和 RTS－CTS－DATA－ACK 四次握手工作方式。DATA－ACK 方式采用两次握手机制,是一种最简单的握手机制。该机制工作方式如下:如果媒体空闲时间大于或等于分布协调功能帧间间隔(Distributed Inter Frame Space,DIFS),就传输数据,否则时延传输;在接收节点正确地接收数据后,就会立即回复确认帧(ACK);发送节点收到该确认帧,就知道该数据已成功发送。RTS—CTS—DA-TA—ACK 方式是指为了避免隐藏终端问题,发送节点和接收节点之间以握手的方式对信道进行预约,是一种基于预约的接入机制,如图 4-15 所示。

RTS—CTS—DATA—ACK 四次握手机制具体接入过程如下:首先通过载波侦听机制获得信道使用权,这时发送节点发送一个请求发送帧 RTS,接收节点在收到 RTS 后发送一个允许发送的应答帧 CTS,表明接收节点可以接收该数据,并且禁止接收节点的邻节点发送数据,从而避免了隐藏终端问题。RTS 和 CTS 中均包含待发送数据的长度,而 RTS 和 CTS 控制包长度很小,引入的开销不大。接下来发送节点收到 CTS 后才开始发送数据,接收节点完全接收数据之后回复给接收节点 ACK 帧。RTS/CTS 的握手机制能够在很大程度上避免冲突的发生,但并不能保证碰撞完全不发生。如图 4-16 所示,X 和 A 同时向 B 发送 RTS 帧在 B 处发生碰撞,使得 B 收不到正确的 RTS 帧,不会发送后续的 CTS 帧。

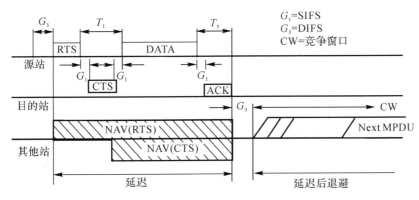

图 4-15　**RTS—CTS—DATA—ACK 的传输过程**

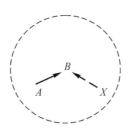

图 4-16　**RTS—CTS 机制的碰撞示例**

CSMA/CA 接入协议中会使用帧间间隔(Inter Frame Space,IFS)。具体原理就是,待发送数据的节点先侦听信道,若信道空闲,则继续侦听帧间间隙的时间,若信道仍然空闲时才发送数据。这里的 IFS 有多种不同数值,可以将不同类别的数据划分出不同的优先级,IFS 值越小,优先级越高。在接入信道的过程中,使用多种帧间间隔值划分优先级,达到进一步避免冲突的目的。

4.5　预约多址接入

在预约多址接入协议中,节点在发送数据包之前通过控制包或者特殊的控制标志预约信道,这种提前预约能够有效降低数据包的冲突。虽然用于信道预约的控制包会在一定程度上增加网络开销和延迟,但数据包较常使用短的控制包预约信道,减小数据包传输冲突对于提高网络性能具有重要的意义。

从具体实现过程来看,预约多址可分为基于握手的预约和基于竞争的预约两种方式。其中,基于握手的预约通过发送控制包进行信道预约,握手成功之后进行数据包的传输;而基于竞争的预约将时间周期性分为预约期和数据传输期,所有要发送数据的节点在预约期内通过相互竞争接入信道,竞争胜出的节点在数据传输期内无竞争地传输数据。下面分别从这两方面讨论预约多址接入机制,分析其在水声网络中的优势与劣势。

4.5.1 基于握手的预约

我们知道,传输冲突一般发生在接收端,所以在发送端进行载波侦听并不能保证完全没有冲突发生,这个问题称为隐藏终端和暴露终端问题。在隐藏终端问题中,一个节点的传输对于另一个节点传输来说是隐藏的,所以在接收端造成冲突。如图 4 - 17(a)所示,如果节点 A 传输数据给节点 B,这个传输过程对于节点 C 来说是隐藏的,因为节点 C 不在节点 A 的传输范围内,无法检测到信道忙的信号。因此节点 C 处的载波侦听不能够保证在接收节点 B 处无冲突发生。暴露终端问题是节点推迟其不必要推迟的发送。如图 4 - 17(b)所示,如果节点 B 传输数据到节点 A,节点 B 的所有邻节点就会使用载波侦听知道这一消息,从而推迟自身数据发送。但是实际上节点 C 想发送数据给节点 D 时,完全没有必要去等待,因为节点 C 与节点 D 传输数据不影响节点 B 与节点 A 传输数据。

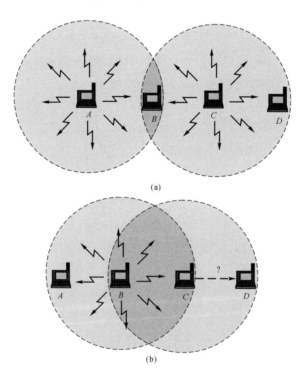

(a)

(b)

图 4 - 17 隐藏终端和暴露终端问题

(a)隐藏终端;(b)暴露终端

隐藏终端和暴露终端问题可以通过握手机制解决。基于握手的预约多址接入协议在发送数据之前通过握手预约信道。发送端发送控制包或者标位(而非数据包)以告知接收端和此发送端的邻节点,自己有数据传输需要预约信道。如果信道空闲且没有被接收端的邻节点预约传输数据的情况下,接收端会回复发送端。发送端收到预约信道成功的回复后,发送端就开始发送数据包。在整个数据包传输过程中,握手机制能够保证传输不受来自邻节点的强信号干扰,使其在接收端处的 SNR 性能不受到影响。对于隐藏终端问题,节点 B 在握手过程中通过预约回复消息告知其邻节点,节点 A 有数据要发送,这时节点 C 会推迟自己的数据发送。对于暴露终端问题,在使用握手机制之后,只有当节点 C 侦听到来自节点 A 的预约时才会推迟自身数据传输,否则节点 C 就知道节点 A 在其传输范围之外了,这样就可以达到解决暴露终端的目的。下面介绍几种使用控制包的握手协议。

1. 冲突避免多址接入(MACA)

冲突避免多址接入(Multiple Access Collision Avoidance,MACA)协议[7],由 Karn 提出,是一个基于握手预约信道的 MAC 协议。如图 4-18 所示,当发送端有数据要发送,预约信道时,会发送一个短的 RTS 包(而非数据包),这个 RTS 包中包含待发送数据包的长度。如果信道空闲且没有被其他节点预约,接收端会以 CTS 包回复发送端,CTS 包中同样包含了待发送数据包的长度。当收到 CTS 包之后,发送端立即开始传输数据包。其他能够听到 RTS 包的节点推迟足够长的时间,以保证发送端接收相应的 CTS 包(一般推迟的时间为两倍的最大传播时延加上 CTS 的传输时间),其他能够听到 CTS 包的节点推迟足够长的时间以保证目的节点接收到数据包(一般推迟的时间为两倍的最大传播时延加上数据包的传输时间)。

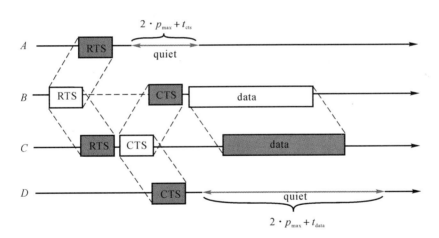

图 4-18　MACA 预约握手机制(节点 B 有数据发给节点 C)

如果接收节点的信道已经被预约,它就会忽略收到的 RTS 包。发送节点使用定时器,从发出 RTS 包的时刻开始计时。如果计时器超时,节点会在一个随机的退避时间(多倍最大传播时延上 RTS 的传输时间)之后重复发送信道请求。

MACA 协议的握手机制解决了隐藏终端问题,但并没有解决暴露终端问题(见图 4-17(b))。图 4-17(b)中节点 C 仍然不能接收到来自节点 D 的 CTS 包,因为 CTS 包会在节点 C 处与节点 B 正在进行的数据传输碰撞。因为预约需要双向信号传输,使得在节点 B 向节点 A 传输数据时,节点 C 仍然是暴露着的。

此外,另一个暴露终端的问题如图 4-19 所示。在没有握手过程时,节点 A 能够和节点 B 通信,同时节点 D 可以和节点 C 通信。节点 D 首先发起握手过程,之后节点 C 必须回复 CTS 包,这就会在节点 B 处与节点 A 正在进行的传输发生冲突。因为节点 C 意识到这一点,所以节点 D 和 C 之间的信道预约就不能完成。另外,出现同时握手也是一个问题,特别是在像水声网络这种传播时延很大的环境中。例如,当一个节点刚发出 CTS 包之后,另一个信道预约可能会到达,又或者控制包可能丢失,导致节点没有侦听到信道预约。因此,完全的冲突避免无法保证。

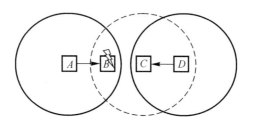

图 4-19　MACA 中的另一种暴露终端问题

类似于 ALOHA,MACA 也可以通过数据链路层的确认数据包得以扩展延伸,该协议允许重传可以在任何节点之间进行,而不是在端到端之间,这提高了像水下环境这种信道不可靠时的网络吞吐量,有效提高了传输的可靠性。

正如本节所介绍的,握手机制能在数据包较大时有效提高网络吞吐量。然而在移动 Ad Hoc 网络中,MACA 多数情况下降低了网络吞吐量同时增加了时延,并且额外增加的控制包增加了冲突发生的概率。而水声网络的另一个问题是传播时延高,所以 MACA 的握手机制的持续时间会相当长,这导致在等待控制信息的过程中浪费了大量的带宽。

2. 传播时延容忍冲突避免协议(PCAP)

传播时延容忍冲突避免协议(Propagation Delay Tolerant Collision Avoidance Protocol,PCAP)[8],是针对水声网络对 MACA 协议进行改进的一种握手机制,旨在克服水声网络中信号传播时延高带来的问题。在基于握手的多址接入过程中,随着传播时延的增长,握手协议的效率会变得越来越低,这是因为等待反馈信息会产生非常长的信道空闲时间。当传播时延远大于数据包的传输时间时,握手协议的性能变得非常差。PACP 协议推迟了 CTS 的发送,CTS 会在发送完 RTS 后的两倍的最大传播时延后到达发送端,如图 4-20 所示。在 PACP 中,允许发送端及其邻节点在发送完 RTS 等待接收端回复 CTS 的时间段内做其他操作,例如,传输另一个数据帧或者为下一个数据包处理握手协议。仿真结果表明,当传播时延相对于传输时间较长时,PACP 协议下的吞吐量能够有效的得以提高。

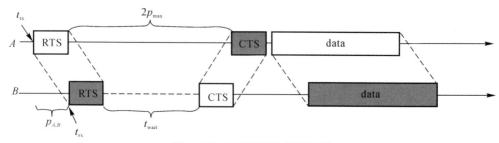

图 4-20　PCAP 预约握手机制

图 4 - 20 中，等待时间 t_{wait} 为

$$t_{\text{wait}} = 2(p_{\max} - p_{A,B}) \tag{4-18}$$

其中，$p_{\max}$ 为最大传播时延，$p_{A,B}$ 为节点 A，B 之间的传播延时，由 RTS 的发送时刻 t_{tx} 和节点 B 处的 RTS 的接收时刻 t_{rx} 来计算，即

$$p_{A,B} = t_{\text{rx}} - t_{\text{tx}} \tag{4-19}$$

因为使用了绝对时间差值 $t_{\text{rx}} - t_{\text{tx}}$，PACP 协议中所有节点需要时间同步。PACP 协议的缺点是仅适用于延迟容忍的情形，因为每一个数据包传输之前都要进行握手，造成较大系统延迟。

3. 距离感知冲突避免协议（DACAP）

距离感知冲突避免协议（Distance - Aware Collision Avoidance Protocol，DACAP)[9]，由 Peleato 和 Stojanovic 提出，也是针对高传播时延的水声网络而设计。DACAP 协议解决了高传播时延下握手机制带来的两个问题。第一个问题是避免数据包和不相关的 RTS 包之间的冲突。DACAP 要求发送端在发送 RTS 之后推迟 $t_{\min}$ 发送数据，$t_{\min}$ 是握手过程持续时间的最小值，需要在所有节点预设好。当网络中大部分节点的间距接近最大传输距离时，$t_{\min}$ 几乎等于两倍的最大传播时延。如果有些节点间的距离稍短，$t_{\min}$ 相应减小，也就是平均的握手过程持续时间。第二个问题如图 4 - 21 所示，节点 A 想发送数据到节点 B，发起握手过程。同时，节点 C 想发送数据到节点 D，同样也发起了握手过程。在标准的 MACA 握手机制中，如果节点 B 在发送完 CTS 给节点 A 之后，收到来自节点 C 的 RTS，且节点 C 在侦听到节点 B 的 CTS 之前开始发送数据，那么数据包会在节点 B 处发生冲突。

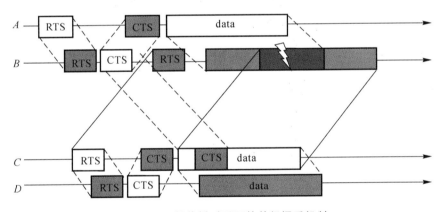

图 4 - 21 长传播时延下的并行握手机制

为了解决这个问题，DACAP 引入了一个很小的警告包。如果接收端在发送完 CTS 后的 $2p_{\max}$ 时间内侦听到一个 RTS，它就会发出警告包，如图 4 - 22 所示，这里的 $p_{\max}$ 是最大传播时延。由于节点 A 在开始数据发送之前会等待一段时间，所以它能够听到节点 B 发出的警告包，从而推迟自身的数据传输。节点 C 也会推迟自身数据传输，因为它在等待过程中听到了来自节点 B 的 CTS。在一段随机退避时间之后，节点 A 和节点 C 重新发起握手过程。

仿真结果表明，DACAP 的吞吐量性能在某些情况下比 ALOHA 好。DACAP 协议的缺点是 $t_{\max}$ 要预先配置，不能根据网络拓扑的变化自适应调整。系统需要在长时间的握手等待空闲时间和冲突概率之间做出折中之后决定 $t_{\max}$ 的值。另外一个问题是节点 B 的警告包导致了两个数据包都推迟发送，这在一定程度上降低了信道利用率。

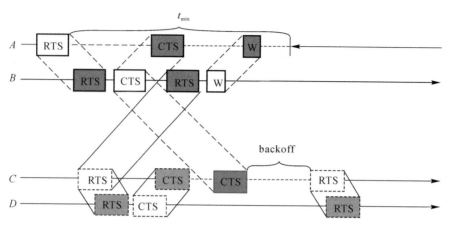

图 4 - 22　DACAP 中的等待和预警机制

4.5.2　基于竞争的预约

在基于竞争预约的 MAC 协议中,每个数据包发送之前,所有准备好发送数据的节点会互相竞争接入信道,这一过程称为竞争环节。当信道空闲时,每一个想要预约信道的节点,发送控制符或者报文告知其所有邻节点这一信息。如果多个节点争夺信道,那么每一个节点会各自选择一段退避时间,然后开始新一轮的竞争过程。如果在退避过程中,节点侦听到来自其竞争节点的预约,它就失去这次竞争机会,只能继续等待。由于传播时延的存在,仍然可能有不止一个节点竞争信道。因此,竞争环节会不断重复直到只剩一个节点参与预约信道。然后,竞争成功的节点开始发送数据,发送完之后,所有待发送数据的节点开始新一轮的信道竞争。

Tone - Lohi(T - Lohi)协议[10],采用短的唤醒信号音预约信道。每一帧数据的发送过程包括预约期和数据传输期。如图 4 - 23 所示,每个预约期包含若干轮竞争期(Contention Round,CR)。有数据要发送的节点首先在竞争期内发送短的信号音进行预约,之后侦听信道。如果某个节点到竞争期结束时都没有收到别的节点的信号音,那么说明它胜出了,预约期结束,接下来这个节点将开始发送数据。如果竞争期内有多个节点参与竞争,那么每个节点都会听到来自其他节点的信号音,从而各自选择退避之后在后续的竞争期再次尝试竞争。

图 4 - 23　T - Lohi 协议的一帧数据发送

参与竞争的节点还会对这轮 CR 中收到的竞争信号音的个数进行计数,然后根据统计的竞争信号音的个数随机选择退避时间。如果这轮 CR 结束,竞争信号音的个数大于 1,系统就在从 0 到竞争信号音的总数之间随机选择一个整数 ω,退避 ω 个 CR 之后重新竞争。直到出现在某一轮 CR 之后,竞争信号音的个数等于 1,即有一个节点胜出,获胜节点发送数据包。CR 要设置的足够长,使节点能够完成信号音的侦听和对信号音的计数工作。如图 4 - 24 所示,节点 A 在第 3 个竞争期内没有检测到任何竞争者,就在下一个阶段开始数据发送。由于自适应地调整了退避时间,即使竞争者数量比较多竞争也能在较少数量的竞争期内收敛。另外,在统计竞争者的个数过程中,由于唤醒信号非常短,而水声环境下传播时延较长,为此,不同竞争者的唤醒信号音通常会依次到达接收端,这非常有利于对竞争信号音数量的准确统计。

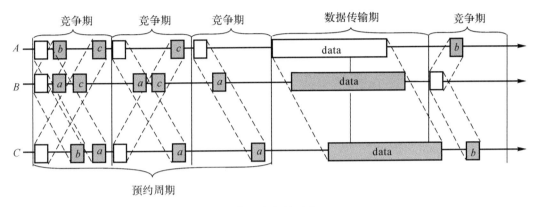

图 4 - 24 基于竞争的同步 T - Lohi

为了节约能量,接收机默认被设置为睡眠状态,当低功率的唤醒信号音到达接收机并被检测到时,接收机才会被激活。在发送数据之前,发送节点通过发送唤醒信号音来唤醒接收节点。任意节点在接收到唤醒信号音以后,需要检查目标地址是否是本节点,否则,节点重新回到睡眠状态。

4.6 不同的多址接入策略的结合

混合 MAC 协议,就是将不同的媒质接入协议按照一定的规则结合起来,以达到更好的提升水声网络性能的目的。例如,ALOHA 多址接入协议与 FDMA 结合可以形成多信道 ALO-HA 协议[11]。该协议中,总频带被分成若干个频道,频道的选择可以是随机的或者由具体算法来决定。近年来,水声网络中的混合 MAC 协议设计已经成为一个研究热点,下面将给出一些水声网络的混合 MAC 协议。

Salva 等人提出了一种针对簇状水声传感器网络的多信道 MAC 协议[12]。在此 MAC 协议中,簇内通信使用 TDMA,簇间通信使用 CDMA。将传感器节点分簇可获取信道资源的空间复用,达到大幅提升网络性能的目的。但是如果网络拓扑临时改变而导致簇的分配变化,该协议就可能出现接入冲突。

为了能够同时获得固定多址接入协议和随机多址接入协议的优势,Kurtis 提出了一种混合 MAC 协议[13]。该协议将一个时帧分为固定和随机两个部分,节点在固定部分可以无冲突传输数据,保证了网络中的每个节点都有确定的数据速率。而随机部分节点可以基于网络流量状况自适应调整时隙分配。因此,该混合 MAC 协议具有减少碰撞和对流量变化自适应的能力。

针对半双工且长时延的水声传感器网络,文献[14]提出了长时延网络接入协议(Protocol for Long - latency Access Networks,PLAN)。考虑到采用 CDMA 的水声网络受水声物理信道固有的多径和多普勒效应的影响相对较小,而且冲突的概率小,PLAN 协议将 CDMA 作为优先的媒质访问技术。在实际数据传输前,进行 RTS/CTS 的握手过程,并且一个节点可以可以逐个接收来自不同节点的 RTS 然后只广播一个 CTS,这在一定程度上减小了接收节点的能量消耗。

参考文献

[1] 李建东,盛敏 通信网络基础[M]. 北京:高等教育出版社,2004.

[2] Rice J, Creber B, Fletcher C et al. Evolution of Seaweb Underwater Acoustic Networking[J]. In: Proceedings of MTS/IEEE Oceans, 2000(3):2007 – 2017.

[3] Aliesawi S, Tsimenidis C C, Sharif B S, et al. Adaptive Multiuser Detection With Decision Feedback Equalization Based IDMA Systems on Underwater Acoustic Channels[J]. Proceedings of European Conference on Underwater Acoustics, ECUA 2000, Istanbul, Turkey, 2010:1674 – 1679.

[4] Xie G G, Gibson J A. A Networking Protocol for Underwater Acoustic Networks[D]. Monterey: Naval Postgraduate School, 2000.

[5] Hwee P T, Winston K G, Doyle L. A Multi—hop ARQ Protocol for Underwater Acoustic Network [J], Proceedings of the IEEE OCEANS. 2007: 18 – 21.

[6] Roberts L G. ALOHA Packet System With and Without Slots and Capture[J]. ACM SIGCOMM Computer Communication Review, 1975, 5(2): 28 – 42.

[7] Karn P. MACA—a New Channel Access Method for Packet Radio[J]. Proceedings of the Amateur Radio 9th Computer Networking Conference. 1990, 140: 134 – 140.

[8] Guo X, Frater M R, Ryan M. A Propagation—delay—tolerant Collision Avoidance Protocol for Underwater Acoustic Sensor Networks[J]. IEEE OCEANS 2006—Asia Pacific, 2007: 1 – 6.

[9] Peleato B, Stojanovic M. Distance Aware Collision Avoidance Protocol for Ad—hoc Underwater Acoustic Sensor Networks[J]. IEEE Communications Letters, 2007, 11(12): 1025 – 1027.

[10] SyedA A, Ye W, Heidemann J. T—Lohi: A New Class of MAC Protocols for Underwater Acoustic Sensor Networks[J]. IEEE The 27th Conference on Computer Communications, 2008.

[11] Otnes R, Asterjadhi A, Casri P, etal. Underwater Acoustic Netloorking Technigue[J]. Spring er BVriefs in Electrical and Cornputer Engincering.

[12] Pountourakis I E, Sykas E D. Analysis, Stability and Optimization of Aloha—type Protocols for Multichannel Networks[J]. Comput Commun 1992,15(10):619 – 629.

[13] Salva G, Milica. Multi—Cluster Protocol for Ad Hoc Mobile Underwater Acoustic Networks[J]. IEEE OCEANS. 2003:91 – 98.

[13] Kredo II K B, Mohapatra P. A Hybrid Medium Access Control Protocol for Underwater Wireless Networks[J]. Proceedings of the Second Workshop on Underwater Networks. ACM, 2007: 33 –40.

[14] Tan H X, Seah W K G. Distributed CDMA—based MAC Protocol for Underwater Sensor Networks [J]. IEEE Conference on Local Computer Networks, 2007(32): 26 – 36.

第5章　水声网络的逻辑链路控制

5.1　概　　述

第 1 章已提到,物理层是为链路层提供一个透明的比特通道。本章将讨论在这样的比特通道上如何形成一条可靠的数据链路为上层提供可靠的服务。为了形成一条可靠的数据链路,首先解决如何标识高层送下来的数据块(分组)的起止位置,与如何发现传输中的比特错误的问题,最后要在发现错误后给出恢复出错信息的方法。本章主要讨论链路层如何形成一条可靠的链路通道,并为高层(网络层)提供更为可靠的数据传输服务。本章首先介绍组帧技术、链路差错控制、自动请求重发协议,接着讨论链路流量控制的相关问题,最后介绍水声网络中逻辑链路控制的一些新方法。

5.2　组　帧　技　术

点对点信道的数据链路层的数据协议单元,称为帧。在一段数据的前后分别添加首部和尾部,这样就构成了一个帧。数据链路层把网络层传递下来的数据构成帧发送到链路上,以及把从底层接收到的数据取出并上交给网络层。在此过程中,接收端在收到物理层上交的比特流后,就能根据首部和尾部的标记(见图 5-1)从收到的比特流中识别帧的开始和结束。网络层以分组为数据传送单位,网络层的分组传送到数据链路层就成为帧的数据部分。因此,帧长等于数据部分的长度加上帧首部和帧尾部的长度,而首部和尾部的一个重要作用就是进行帧定界。此外,首部和尾部还包括许多必要的控制信息。各种数据链路层协议都要对帧首部和帧尾部的格式有明确的规定,很显然,为了提高帧的传输效率应当使帧的数据部分长度尽可能地大于首部和尾部的长度。一般而言,每一种链路层协议都会规定帧的数据部分长度的上限[1],即最大传送单元(Maximum Transfer Unit,MTU)。

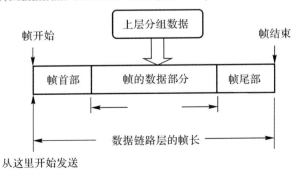

图 5-1　利用帧首部和帧尾部组帧

图 5-2 所示的例子可以说明帧定界的概念。控制字符 SOH(Start Of Header)放在一帧的最前面,表示帧的首部开始。另一个控制字符 EOT(End Of Transmission)放在帧的末尾,表示帧的结束。

图 5-2 用控制字符进行帧定界

当数据在传输中出现差错时,帧定界符的作用更加明显。假定发送端在尚未发送完一帧时突然出现故障,中断了发送,但随后很快又恢复正常,这时发送端会重新开始发送刚才未发送完的帧。由于使用了帧定界符,接收端就可以知道前面收到的数据是个不完整的帧(只有首部开始符 SOH 而没有传输结束符 EOT),必须丢弃。而后面收到的数据有明确的帧定界符(SOH 和 EOT),因此这是一个完整的帧,应当收下。

当数据链路层从物理层接收到一段比特信息时,这里就有一些问题要解决:如何确定什么时刻是一帧的开始?什么时刻是一帧的结束?哪一段是校验比特?这些就是组帧技术需解决的问题。常用的组帧方式有 3 种:面向字符的组帧技术、面向比特的组帧技术、采用长度计数的组帧技术。

5.2.1 面向字符的组帧技术

所谓面向字符的组帧技术,是指传输的基本单元是一个字符(通常用一个字符来表示一个字节),并在此基础上形成具有一定格式的字符串。下面介绍常用的面向字符的组帧协议——串行线路的 Internet 数据链路层协议(Serial Line Internet Protocol,SLIP)。

SLIP 的帧格式如图 5-3 所示,它采用两个字符:END(16 进制为 C0H,H 表示十六进制)和 ESC(16 进制为 DBH)进行组帧。其中,END 用于表示一帧的开始和结束。为了防止数据分组中出现与 END 相同的字符而使接收端错误地终止一帧的接收,当数据分组中出现 END 字符时,就转换成 ESC,ESC—END 两个字符(其中 ESC—END=DCH)。当数据分组中出现 ESC 时,就转换成为 ESC,ESC—ESC 两个字符(其中 ESC—ESC=DDH)。这样接收端只要收到 END 字符即表示一帧的开始或结束,每当遇到 ESC 字符就进行字符转换,这样在数据链路层就可以完成基于 SLIP 的数据组帧了。

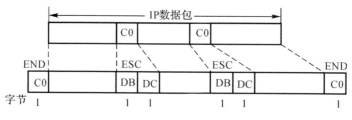

图 5-3 SLIP 协议帧格式

5.2.2　面向比特的组帧技术

在面向比特的组帧技术[1]中,通常采用一个特殊的比特串,称为 Flag,如 $01^60(1^j$ 表示连续 j 个"1")来表示一帧的正常结束。这里与面向字符的组帧技术面临相同的问题,即当比特流中连续出现 6 个"1"如何处理。这里采用的办法是每出现连续的 5 个"1"就插入一个"0",如图 5-4 所示。这样比特流中就不会有多于 5 个"1"的串。接收端在收到 5 个"1"以后,如果收到的是"0"就将该"0"删去;如果是"1"就表示一帧结束。

插入比特

0　　　0　　0　　　　0
1111110111111111110111110

图 5-4　比特插入技术

采用比特插入技术,除了具有消除消息帧中出现 Flag 的作用以外,它还有其他作用,如果丢弃或者中止一帧,则可连续发送 7 个或者 7 个以上的"1"。当链路连续出现 15 个"1",则认为链路空闲。因此 01^6 是一个结束标志,如果 01^6 后面是 0 表示正常结束,如果 01^6 后面是 1 表示非正常中止。

5.2.3　面向长度计数的组帧技术

组帧技术的关键是正确地表示出一帧何时结束,除前面采用 Flag 和特殊字符外,还可以采用帧长度来指示一帧何时结束。如果最大长度为 K_{max},则长度域的比特数至少为 $\mathrm{Int}[\log_2 K_{max}]+1$。长度域的比特数通常是固定的。

5.2.4　最佳帧长度

在这一节,我们将讨论在综合考虑网络开销和通信链路时延的情况下,怎样设计数据帧长度能够得到使两者都尽可能小的最佳帧长。这里假定节点为全双工工作方式,且不考虑传播时延的影响。

在实际网络通信中,将所需数据分成多个不同长度的数据帧,从源节点开始经过多次中转之后到达目的节点。从图 5-5(a)中可以看出,由于对数据帧进行了一次中继,时延为数据帧传输时延的两倍。在图 5-5(b)中,当把数据帧的长度减少为原来的一半后,时延减小为数据帧传输时延的 1.5 倍。因此如果想获得足够小的传输时延,数据帧的长度应在软、硬件条件允许的情况下设计的尽可能小。并且从通信的误码率角度考虑,采用较小的数据长度,整个数据中出现错误码字的概率也会变小,这对于在数据链路层选择重传协议的网络来说,可以减少数据重传的次数,降低开销,重传的相关问题将在后面的章节进行讨论。

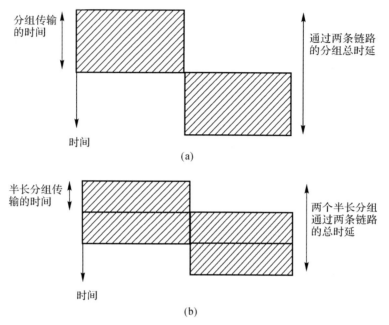

图 5-5 分组的中转过程

(a)分组中转时延;(b)分组长度减半时的中转时延

这里有一个问题:是不是帧长越小,网络整体性能就越好呢?下面讨论帧长过小会带来的问题。

设数据的长度为 M,帧长为 K,通常每一帧都包含固定的开销 V(含头和尾)。这样每个数据包要分成 $\mathrm{Int}\left[\dfrac{M}{K}\right]^{+}$ 帧,$\mathrm{Int}\left[x\right]^{+}$ 表示大于或等于 x 的最小整数。在消息的传输过程中,前 $\mathrm{Int}\left[\dfrac{M}{K}\right]$ 个帧均有 K 个比特数据,而最后一个帧的数据比特数在 1 和 K 之间。为此,一个数据包要传输的总比特数为 $M+\mathrm{Int}\left[\dfrac{M}{K}\right]^{+}V$。

帧长 K 减小,会导致帧数增加,这会增加传输开销和网络处理负荷,故应增加帧长。然而前面讨论过,增加帧长会导致更大的传输时延。综合考虑时延和开销两个方面,就存在一个最佳帧长。

设每条链路的容量为 C,将一个数据包分成若干帧之后经过 j 跳中继最终传送到目的节点的总时间为 T,在忽略传播时延与各节点的处理或缓存时延的情况下,总的时延 T 为所有数据帧在最后一跳链路上的传输时延与每一帧数据在前面 $(j-1)$ 跳链路上的时延之和。

$$T=\frac{M+\mathrm{Int}\left[\dfrac{M}{K}\right]^{+}V+(j-1)(K+V)}{C} \tag{5-1}$$

对 M 求均值,得

$$E\{T\}=\frac{1}{C}\left\{(K+V)(j-1)+E\{M\}+E\left\{\mathrm{Int}\left[\frac{M}{K}\right]^{+}\right\}V\right\} \tag{5-2}$$

将 $E\left\{\mathrm{Int}\left[\dfrac{M}{K}\right]^{+}\right\}\approx E\left\{\dfrac{M}{K}\right\}+\dfrac{1}{2}$ 代入上式,并使得上式最小的最佳帧长为

$$K_{opt} \approx \sqrt{\frac{E\{M\}V}{j-1}} \qquad (5-3)$$

在实际情况中,在确定的信道和协议参数条件下,完全可以找到一个相对应的最佳帧长。需要指出的是,在上述讨论中都没有讨论在物理层的硬件节点处理比特数据的时延和传播时延,即只关心传输时延。实际网络中,最优的数据帧长度取决于信道的误比特率和传播时延,需要依据信道条件和传播时延来确定并选择最佳帧长。

5.3　链路差错控制

在实际的通信链路中,数据比特在物理层传输过程中难免会产生差错:1 可能会变成 0,而 0 也可能变成 1。在一段时间内,传输错误的比特占所传输比特总数的平均比率可以表示为误码率(Bit Error Rate,BER)。实际的通信链路并非理想的,它不可能使误码率下降到零。因此,为了保证数据传输的可靠性,在网络中进行数据传输时,必须采用有效的差错控制技术。

常用的差错控制技术主要有差错检测、差错纠正(前向纠错)和检错重传 3 种方式,并且基于差错控制编码来完成差错控制。按照功能不同,差错控制编码可分为检错码和纠错码两大类,其中检错码具有检测或校验错误的能力,而纠错码依编码原理的不同具有不同程度的纠错能力。差错检测技术利用检错码完成对所传输比特的校验,可以使接收端明确本次传输是否正确无误。如果正确无误直接提交给上层处理,若发现有比特出错时可直接删除错误信息,也可采用检错重发的方法要求发送端重新发送出错的数据比特。前向纠错(Forward Error Correction,FEC)技术是指利用纠错码直接纠正传输中出错的比特。本节分别从差错检测、前向纠错、检错重传 3 个方面讨论差错控制方法。

5.3.1　差错检测

目前在数据链路层广泛使用的检错技术是奇偶校验和循环冗余检验(Cyclic Redundancy Check,CRC)[2]。它们的基本思路都是发送端按照给定的规则在 K 个信息比特后面增加校验比特,在接收端重新计算校验比特,再将接收到的校验比特和本地重新计算的校验比特进行比较,如果结果相同,则认为传输无误,否则认为传输有误。

奇偶校验码分为奇数校验码和偶数校验码两种,两者的原理相同。在偶数校验码中,无论信息位多少,校验位只有 1 位,它使得码组中"1"的数目为偶数,即满足条件:

$$a_{n-1} \oplus a_{n-2} \oplus \cdots \oplus a_0 = 0 \qquad (5-4)$$

式中,a_0 为校验位,其他位为信息位。

这种编码能够检测奇数个错误。在接收端,按照上式求"模 2 和",若计算结果为"1"就说明存在错码,结果为"0"就认为无错码。

奇数校验码与偶数校验码相似,只不过其码组中"1"的数目为奇数,即满足条件:

$$a_{n-1} \oplus a_{n-2} \oplus \cdots \oplus a_0 = 1 \qquad (5-5)$$

其检错能力与偶数检验码的一样,且奇偶检验码只能检测奇数个错误比特。

实际中,数据链路层广泛使用检错能力更强的编码方案,如 CRC 循环冗余检验码。CRC

编码为一种多项式编码,即把比特串看成是系数为 0 或 1 的多项式。下面通过一个简单的例子来说明 CRC 的原理。

在发送端,先把数据划分为组,假定每组 k 个比特。现假定待传送的数据 $M=1101011111,k=9$。CRC 编码就是在数据 M 的后面添加供差错检测用的 n 位冗余码,然后构成一个帧发送出去,一帧为$(k+n)$位。在所要发送的数据后面增加 n 位的冗余码,虽然增大了数据传输的开销,但却可以进行差错检测。当传输可能出现差错时,付出这种代价往往是很值得的。

这 n 位冗余码可用以下方法得出。用二进制的模 2 运算进行 2^n 乘 M 的运算,这相当于在 M 后面添加 n 个 0,得到的$(k+n)$位的数除以收、发双方已知的长度为$(n+1)$位的除数 P,得出商是 Q 而余数是 R。假定除数 $P=10011$(即 $n=4$)。经模 2 除法运算后的结果是:商 $Q=1100001110$,而余数 $R=0010$。这个余数 R 就作为冗余码拼接在数据 M 的后面发送出去。这种为了进行检错而添加的冗余码常称为帧检验序列(Frame Check Sequence,FCS)。因此加上 FCS 后发送的帧是 110101111110010(即 $M+$FCS),共有 $k+n$ 位。

接收端把接收到的数据以帧为单位进行 CRC 检验:把收到的每一个帧都除以同样的除数 P(模 2 运算),然后检查得到的余数 R。如果在传输过程中无差错,那么经过 CRC 检验后得出的余数 R 肯定是 0。

总之,在接收端对收到的每一帧经过 CRC 检验后,

(1)若得出的余数 $R=0$,则判定这个帧无差错,交上层处理;

(2)若余数 $R\neq0$,则判定这个帧有差错(但若无法确定究竟是哪一位或哪几位出现了差错)就丢弃。

从以上的讨论不难看出,如果在传送数据时不以帧为单位来传送,那么就无法加入冗余码以进行差错检验。因此,如果要在数据链路层进行差错检验,就必须把数据划分为帧,每一帧都加上冗余码,一帧接一帧地传送,然后在接收端逐帧进行差错检验。

5.3.2　前向纠错(FEC)

在过去的几十年里,关于纠错码的研究已经取得了令人瞩目的成果。随着移动互联网时代的到来和无线网络技术的飞速发展,使得人们对信息的传输可靠性要求也越来越高,纠错码已成为网络通信系统中不可或缺的一部分。

前向纠错,利用纠错码编码原理在传输信息中按照一定规则添加监督码字,接收端利用该监督码字不仅能够发现错码,还能恢复其正确取值。前向纠错可以有效提高系统的抗噪声和抗干扰能力,达到减小差错率的目的,并且这种差错控制方案可以获得恒定的吞吐量和时延,然而,这种纠错能力是以引入冗余比特为代价的。而如何构造纠错能力强的前向纠错码则是 FEC 技术研究的热点。

FEC 技术是在发送端编码器采用一种具有自行纠错功能的纠错编码,接收端的译码器根据编码规律检验出传输错误的码字并自动纠正。FEC 技术首先具有延时小、实时性好的优点,由于 FEC 技术能够在其功能范围内自动纠错,且省去了反馈重发过程,因此极大地减少了数据的传输时间;其次,在 FEC 中为了使所选择的纠错码与特定信道相匹配,应事先对信道特性有足够的了解;最后纠错能力决定了编码冗余度,由于 FEC 技术的编、译码需要较大的开

销,对于条件较差的信道,译码设备和计算也较为复杂,这导致信息传输效率较低。常用纠错码主要有线性分组码、卷积码、里德所罗门码(Reed Solomon,RS),还有近年来引起广泛关注的 Turbo 码、低密度奇偶校验码(Low‐Density Parity Check,LDPC)等,下面简单介绍这几种纠错码。

每种编码所依据的原理各不相同,其中线性分组码是按照一组线性方程构成的。本节将以汉明码为例来介绍线性分组码。

汉明码是一种能够纠正一比特错码的线性分组码,通过在原有数据中插入若干校验码来进行错误检查和纠正。在偶数监督码中,无论信息位有多少,监督位只有一位,它使码组中"1"的个数为偶数,在接收端解码的时候,实际就是计算 $S = a_{n-1} \oplus a_{n-2} \oplus \cdots \oplus a_0$,若 $S = 0$,就认为无错,若 $S = 1$,就认为有错。上式称为监督关系式,S 为校正子。由于校正子 S 的取值只有这两种,它只能代表有错和无错两种信息,而不能指出错码的位置。如果监督位增加一位,即变成两位,就可能出现 4 种组合:00,01,10,11,故能表示 4 种不同信息,若用其中一种表示无错,则其余 3 种就有可能用来指示一位错码的 3 种不同位置,同理,r 个监督关系式就能指示一位错码的 $(2^r - 1)$ 个可能位置。一般说来,若码长为 n,信息位数为 k,则监督位数 $r = n - k$。如果希望用 r 个监督位构造出 r 个监督关系式来指示一位错码的 n 种可能位置,则要求 $2^r - 1 \geqslant n$,即 $2^r \geqslant k + r + 1$。

设分组码 (n,k) 中 $k = 4$,为纠正一位错码,要求监督位数 $r \geqslant 3$。若取 $r = 3$,则 $n = k + r = 7$。我们用 $a_6 a_5 a_4 \cdots a_0$ 表示 7 个码元,用 $S_1 S_2 S_3$ 表示 3 个监督关系式中的校正子,则 $S_1 S_2 S_3$ 的值与错码位置的关系如表 5‐1 所示。由表可知,仅当一错码位置在 $a_2 a_4 a_5 a_6$ 时,校正子 S_1 为 1,否则 S_1 为 0。这就意味着 a_2 和 $a_4 a_5 a_6$ 构成偶数监督关系,即

$$S_1 = a_2 \oplus a_4 \oplus a_5 \oplus a_6 \tag{5-6}$$

同理

$$S_2 = a_1 \oplus a_3 \oplus a_5 \oplus a_6 \tag{5-7}$$

$$S_3 = a_0 \oplus a_3 \oplus a_4 \oplus a_6 \tag{5-8}$$

在发送端编码时,信息位 a_6, a_5, a_4 和 a_3 的值取决于输入信号,因此它们是随机的。监督位 a_2,a_1 和 a_0 应根据信息位的取值按监督关系来确定,即监督位应使上 3 式中的 S_1, S_2, S_3 的值为零。

$$\begin{aligned} a_2 \oplus a_4 \oplus a_5 \oplus a_6 &= 0 \\ a_1 \oplus a_3 \oplus a_5 \oplus a_6 &= 0 \\ a_0 \oplus a_3 \oplus a_4 \oplus a_6 &= 0 \end{aligned} \tag{5-9}$$

进而,有

$$\begin{aligned} a_2 &= a_4 \oplus a_5 \oplus a_6 \\ a_1 &= a_3 \oplus a_5 \oplus a_6 \\ a_0 &= a_3 \oplus a_4 \oplus a_6 \end{aligned} \tag{5-10}$$

给定信息位后,可直接计算出监督位,接收到每个码组后,按式(5‐6)～式(5‐8)计算 S_1, S_2 和 S_3,就可以判断错码情况。上述方法构成的码称为汉明码[3]。汉明码的编码效率等于 $k/n = (2^r - r - 1)/(2^r - 1) = 1 - r/n$。当 n 很大时,则编码效率接近 1。

表 5 - 1　S 值与错码位置关系

$S_1 S_2 S_3$	错码位置
001	a_0
010	a_1
100	a_2
011	a_3
101	a_4
110	a_5
111	a_6
000	无错

卷积码是一种常用于前向纠错的非分组码,其性能优于分组码,且运算较简单。在分组码中,编码器产生的 n 个码元的码组,完全取决于这段时间中 k 比特输入信息。这个码组中的校验位仅检验本码组中 k 个信息位。卷积码则不同,卷积码在编码时虽然也是把 k 比特的信息段编成 n 个比特的码组,但是检验码元不仅和当前的 k 比特信息段有关,而且还同前面 $m = N-1$ 个信息段有关。所以一个码组中的检验码元检验着 N 个信息段。通常 N 被称为编码约束度,nN 被称为编码约束长度。

里德所罗门码(RS 码)是用其发明人的名字 Reed 和 Solomon 命名的,RS 码具有很强的纠错能力,被广泛应用于数字用户线路(Digital Subscriber Line,DSL)通信、线缆上的数据通信和卫星通信等领域。RS 码得到广泛应用的主要原因在于其强大的纠错性能,尤其针对突发错误。RS 码通常与其他编码结合在一起使用,如卷积码。这种想法的依据在于:卷积码在处理孤立的比特错误时很有效,但当接收到的比特流中有太多的错误(和突发错误类似),卷积码就无法处理了,而 RS 码具有很强的突发错误纠错能力。因此,在卷积码内加入 RS 码,将两者有机结合起来就能非常好地完成纠错任务,综合起来的编码模式对单个错误和突发错误都有良好的纠错能力。

Turbo 码是 1993 年发明的一种特殊的链接码。由于分组码和卷积码的复杂度随码组的长度或者约束度的增大按指数规律增长,所以为了提高纠错能力,人们大多不是单纯增大一种码的长度,而是将两种或者多种简单的编码组合成复合编码。Turbo 码的编码器在两个并联或串联的分量码编码器之间增加一个交织器,使之具有很大的码组长度,能在低信噪比条件下得到接近理想的性能。Turbo 码的译码器有两个分量码译码器,在两个分量码译码器之间进行迭代译码,故整个译码过程类似于涡轮(Turbo)工作,所以形象称为 Turbo 码。

低密度奇偶校验码(Low-Density Parity Check,LDPC)是线性分组码[3],由 Robert Gallagher 于 1962 年在他的博士论文中首次提出。由于该编码方法在码组很长时才能显现出优良的性能,而当时计算机的能力还不足以处理如此长的码组,所以它很快被人遗忘,直到 1995 年计算机处理能力的迅速提升才使得它重新走进人们的视线并得到广泛应用。LDPC 码与 Turbo 码的性能相近,且两者的译码延迟都相当长,所以它们更适用于一些实时性要求不高的通信。然而,LDPC 码比 Turbo 码的译码简单,且更易实现。LDPC 码比较适用于大块数据,而且具有出色的纠错能力,因而性能优于其他许多编码。正是基于这个原因,它迅速被新的协议所采纳,现在已成为数字视频广播、万兆以太网、电力线网络,以及最新版本 IEEE 802.11

标准的一部分。

5.3.3 自动请求重传(ARQ)

自动重传请求(Automatic Repeat Request,ARQ)是一种常用的差错控制方法。该方法在发送端采用检错码(一般为 CRC 码)对信息比特进行编码,在接收端对接收到的信息进行译码校验,根据校验结果来确定是否进行重传。ARQ 要求在发送端和接收端之间建立一条反馈信道,发送端依据接收到的反馈信息来判决是否需要重传。接收端接收到一帧后,经过差错检验,如果发现该帧传输有误,则通过反馈信道通知发送端重传,直到接收端收到正确的帧为止。如果发送端在超时之前没有收到确认信息,它就重新传输数据直到收到一个确认信息或超过了预定的重传次数。这种方法可以实现对不可靠的信道的可靠数据传输。

反馈信息包括"ACK"(正确确认信息)和"NACK"(错误确认信息)两种。如果接收到的数据帧没有错误,则发送 ACK 给发送端;若 CRC 校验数据帧有错误,则发送 NACK,发送端收到 NACK 后便自动进行数据帧重传。

ARQ 重传协议有三种不同的形式:停止等待 ARQ、返回 n 帧 ARQ、选择重发 ARQ,下面分别进行讨论。

1. 停止等待 ARQ

停止等待 ARQ,简称停等式 ARQ,是最基本的自动请求重传协议。其工作原理如下:发送端对每个要发送的数据帧进行检错码编码之后将其发送出去,同时将该数据帧存储于存储器内,然后处于等待反馈状态;接收端收到数据帧后,先对其进行检错码译码,根据译码结果判断是否正确接收。如果正确,则将正确译码的数据帧交给上层,并通过反馈控制器产生确认信息 ACK;如果错误,则将错误译码的数据帧丢弃,并通过反馈控制器产生确认信息 NACK。确认信息通过反馈信道反馈回发送端。发送端根据接收到的反馈信息做相应处理,收到 ACK 时,则将该帧数据从存储器中删除然后处理下一帧数据;收到 NACK 时,则将该数据帧从存储器中取出一份拷贝,重新发送。

停等式 ARQ 的基本思想是在开始下一帧传送以前,必须确保当前帧已被正确接收。很明显,在这种最简单的 ARQ 中,发送完一帧数据之后,发送端需要等待来自接收端的 ACK 或者 NACK 消息,然后才能发送下一帧数据(重传或者新的数据帧),大段的等待时间使得这种方式效率很低。为此,人们想到发送端在等待对方应答时,应当做更多的事情,这就提出了两种改进方案:返回 n 帧 ARQ,选择重发式 ARQ。

2. 返回 n 帧 ARQ

发送端在没有收到对方应答的情况下,可以连续发送 n 帧。接收端仅接收正确且顺序连续的帧。这里接收端不需要每收到一个正确的帧就发出一个应答,而是对连续正确接收到的最大帧序号进行应答。例如,发送端发送了 6 个数据帧依次标号为 1~6。数据帧 3 和数据帧 5 发生错误,接收端反馈正确接收的最大帧序号为 2,即数据帧 3 发生错误。在下一次传输中,发送端连续发送数据帧的编号为 3~8。需要指出的是,在这个例子中,数据帧 4 和数据帧 6 即使已经成功传输也会被重传,这在一定程度上浪费了传输能量和时间,降低了传输效率和信道利用率。

3. 选择重传 ARQ

选择重传 ARQ 是对返回 n 帧 ARQ 的改进,发送端连续发送 n 帧数据,选择重传 ARQ 只重传出现差错或定时器超时的数据帧,避免返回 n 帧 ARQ 中存在的对已成功接收的数据帧进行重发的现象。其基本工作原理如下:发送端连续发送数据帧,并为每一帧数据添加递增的序列号,发送出去的数据帧均储存在存储器中,同时发送端在每发完一个数据帧后,就启动一个内部超时定时器,若在设置的超时时间内未收到确认帧,则重发相应的数据帧;如果在定时器超时之前收到接收端的 ACK 信息,则将对应序列号的数据帧从存储器中删除;如果在定时器超时之前收到接收端的 NACK 信息,则将 NACK 中指示的序列号为 i 的数据块重发。在接收端,如果正确接收数据帧,则通过反馈控制器产生含有对应序列号的确认信息 ACK;对无法正确译码的数据帧 i,则先将该数据帧丢弃,再通过反馈控制器产生对应序列号 i 的 NACK 信息,对于之后收到的数据帧,只要正确接收,就暂存在接收端缓冲器中,直到收到序列号为 i 的数据帧,再将该数据帧与之前存于缓冲器中的其余数据帧按照正确顺序交给上层。与返回 n 帧 ARQ 协议相比,选择重传 ARQ 有效降低了不必要的重传带来的能量消耗、时间浪费以及开销,然而由于需要在接收端对数据帧进行排序,该机制会增加接收端对缓存的需求。

与 FEC 技术相比较,ARQ 技术的特点总结如下:

(1)较高的传输效率。由于 ARQ 技术采用的是检错编码,在信息码后面所加的冗余码不多,因此信道中传输信息的有效性较高。

(2)具有一定的普适性能。由于 ARQ 技术采用的检错码与信道的统计特性基本无关,因此,对于各种信道来说具有普适性。

(3)设备要求较低。相对于 FEC 技术采用的纠错码来说,ARQ 计算较简单,对硬件要求不高。

(4)要求具有反馈信道。由于 ARQ 技术必须要求其具有反馈信道,因此不能用于单通道通信传输系统,当然也不能应用到多播系统中。

(5)信道条件恶劣时数据的连贯性和实时性较差。当信道条件不好时,系统会一直处于重发频繁的过程中,这样导致系统发送的有效数据不再连续,实时性不能得到保证。

5.3.4   混合 ARQ

传统的 FEC 技术只有正向传输信道,不需要反向信道,且使用的纠错码的码率和纠错能力在数据发送之前就已经确定,具有稳定的纠错能力。因此当传输过程中出现的错误数据超出其纠错能力范围时,最终就会产生误包或者丢包,从而影响了数据传输的可靠性。ARQ 技术,通过反馈重传可以克服 FEC 中误码超过纠错能力范围导致的不可靠传输的问题,然而却存在时延过长与信道利用率不高的问题。

一般而言,混合 ARQ(Hybid Automatic Repeat Request,HARQ)是将 FEC 与 ARQ 两种差错控制方法有机结合起来的一种差错控制机制,即在自动请求重传系统中加入了前向纠错编码。当接收端收到信息码字后,首先检查错误情况,如果误码在 FEC 技术纠错能力范围之内,就通过译码进行自动纠错;当误码情况超出了 FEC 技术纠错能力范围,则接收端通过反馈信道向发送端发送重传请求。HARQ 旨在充分利用 FEC 与 ARQ 两种方法的优势,克服它们各自单独使用时存在的缺陷。这样,通过采用 FEC 技术可以在其纠错范围内避免重传,同时

ARQ 技术可以解决超出 FEC 纠错能力时产生的错误,从而使得误码率较低,同时提高传输效率。

根据混合自动重传机制重传内容的不同,可以将 HARQ 分为 3 类,分别是 HARQ - Ⅰ 型、HARQ - Ⅱ 型和 HARQ - Ⅲ 型[5]。

1. HARQ - Ⅰ 型

HARQ 最简单的形式称为 Ⅰ 型混合 ARQ,即在物理中层使用 FEC,在链路层使用 ARQ,简单地将 ARQ 与 FEC 技术结合。此类的 HARQ 技术的基本工作流程:发送端编码器对要传送的分组数据包进行检错码编码(通常为循环冗余校验码(CRC))和纠错码编码。接收端译码器对接收到的数据包进行纠错码译码,然后对其进行检错码校验,如果检错译码发现该数据包仍有误码,则丢弃该数据包并通过反馈信道向发送端发送 NACK 信息请求重传。重复上述过程直到编码数据包被接收端正确接收译码为止。

一般情况下,由于信道条件长期恶劣将导致发送端的某个分组数据包不断反馈重发,从而造成信道资源的浪费,为了防止此情况的发生,通常会在接收端设定最大重发次数,如果接收端仍然不能正确接收译码,则通知发送端发送下一个数据包,该数据包被认为传输错误并且将该数据包丢弃。由于这种方案对于传输出错的分组数据包进行了丢弃的处理,因此其对数据缓冲区的要求较低,HARQ - Ⅰ 主要利用了纠错码自身的纠错能力,但是没有充分利用出错分组数据包中所包含的一些有用的信息。

2. HARQ - Ⅱ 型

HARQ - Ⅰ 型中,接收端对接收到错误的数据分组采取了丢弃的操作,是一种资源的浪费。HARQ - Ⅱ 将接收错误的数据保存下来,用来跟重传接收到的数据分组进行合并处理。这样合并信号的信噪比便会高于单纯的重传信号的信噪比,从而提高了译码成功的概率。

HARQ - Ⅱ 重传的分组数据包与第一次传输的分组数据包不同,重传的信息数据包是根据源信息数据进行信道编码得到的数据信息。每次重传时按照一定的规则传输这些数据信息的一部分,这些重传的分组数据包经过特定的编码后包含新的冗余信息。经过第一次传输译码后,并不会直接丢掉错误的分组数据包,而是暂时存储在译码端的数据缓冲区中。最后将重传的数据信息与存储在缓冲区的信息数据包进行联合译码,然后经过检错码进行检错,如果译码正确,则通过反馈信道发送正确接收确认信号,宣布该分组数据包传送结束。

HARQ - Ⅱ 也被称为增量冗余 ARQ。它依赖于物理层的一个 FEC 编码,FEC 编码能够提供不同量的冗余。如果一帧不能被正确地接收和解码,发送端将发送不同的编码冗余度的新帧,而接收端会对先后接收到的两帧进行联合解码。更一般地,可以应用不同删截模式的编码或喷泉码来实现 Ⅱ - 型混合 ARQ 所需的增量冗余。相比于重复发送,增量冗余 ARQ 的好处是,结合不同冗余信息的多个发送帧的 FEC 编码具有更好的性能。

3. HARQ - Ⅲ 型

HARQ - Ⅲ 型是对 HARQ - Ⅱ 的进一步改进。HARQ - Ⅱ 中,重传的数据信息为递增的冗余码字,它们本身不能够单独译码,必须和以前传送的信息一起合并译码,这样将会受到第一次接收情况的限制,当第一次接收到的信息受到了严重的损坏后,即使后面重传时信道条件多好,都很难正确译码。

HARQ - Ⅲ 型每次重传的数据信息中包含系统比特,因此其具有自行解码的能力。接收端可以直接从重传收到的数据信息中译码得到原始数据信息。传送的每个数据包采用互补删除的方式,每次传送的数据包既可以自行译码,也可以合并成一个包含更大冗余信息的编码包进行合并译码。

5.4 链路流量控制

差错控制是数据链路层功能中的一个部分,而流量控制也是数据链路层中的一个重要部分。对于一个实际的网络系统,每一个节点的存储容量和处理能力以及每条链路的传输能力都是有限的,这就决定了网络可以运载的业务量是有限的。当外部输入的业务量大于网络能处理的业务量,或者发送端送出的业务量大于接收端可容纳的业务量时,如果不采取措施,就会使瓶颈链路的队列增加,从而导致缓冲区耗尽,分组被丢弃或者分组的时延超过规定的要求。这里,流量控制涉及数据帧传输速率的控制,以使接收端在接收前有足够的缓冲存储空间来接收每一个字符或帧。本节将介绍两种最常用的流量控制方案:ON/OFF 机制和窗口机制。

5.4.1 ON/OFF 机制

ON/OFF 机制中使用一对控制字符来实现流量控制,其中 ON 采用 ASCII 字符集中地控制字符 DC1,OFF 采用 ASCII 字符集中的控制字符 DC3。当通信链路上的接收端发生过载时,便向发送端发送一个 OFF 字符后暂时停止发送数据,等接收端处理完缓冲存储器中的数据,过载恢复后,再向发送端发送一个 ON 字符,以通知发送端恢复数据发送。在一次数据传输过程中,OFF,ON 的周期可重复多次。

5.4.2 窗口机制

窗口机制类似于停止等待 ARQ 方案,其思想是在收到一确认帧之前,对发送端可发送的帧的数目加以限制,这是由发送端调整保留在重发表中的待确认帧的数目来实现的。如果接收端来不及对收到的帧进行处理,则接收端停发确认信息,此时发送端的重发表增长。当重发表长度达到其规定的上限时,就不再发送新帧,直至收到新的确认帧才能发送新的数据帧。

为了实现此方案,设置重发表中未被确认的帧数目的最大值,这一限度被称为链路的发送窗口。显然,如果窗口设置为 1,则传输控制方案就是停止等待 ARQ 方案,此时传输效率很低,故窗口限度应长一些以获得较高的传输效率。当然窗口限度的选择还须考虑帧的最大长度、可使用的缓冲存容量以及比特速率等因素。

重发表存放的是发送端已发送但尚未被接收端确认的那些帧。所谓发送窗口,是用来指示发送端已发送但尚未确认的帧的总数的。数据帧在重发表中按其序号排列,其中数据帧最小的序号与最大的序号称为发送窗口的上、下沿,上、下沿的间距称为窗口尺寸。接收端类似地有接收窗口,它指示允许接收的帧的序号。接收窗口的上、下界也是随时间滑动的。发送端每次发送一帧后,待确认帧的数目便增加 1;同样,发送端每收到一个确认信息后,待确认帧的数目便减小 1。当待确认帧的数目等于发送窗口时,便停止发送新的帧。如果发送窗口限度取值为 2,则发送过程如图 5-6 所示。图中发送端阴影表示发送窗口,接收端阴影则相应可视作接收窗口。当传送过程进行时,窗口位置一直在滑动,所以也称为滑动窗口,简称为滑窗。

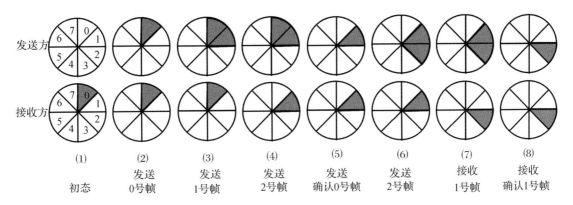

图 5-6　滑动窗口的变化过程

如图 5-6 所示,滑动窗口的状态变化过程(假设发送窗口为 2,接收窗口为 1)可叙述如下:

(1)初始态,发送端没有帧发出,发送窗口前后沿相重合。接收端 0 号窗口打开,表示等待接收 0 号帧。

(2)发送端已发送 0 号帧,此时发送端打开 0 号窗口,表示已发出 0 帧但尚未确认返回信息。此时接收窗口状态同前,仍等待接收 0 号帧。

(3)发送端在未收到 0 号帧的确认返回信息前,继续发送 1 号帧。此时,1 号窗口打开,表示 1 号帧也属等待确认之列。至此,发送端打开的窗口数已达规定限度,在未收到新的确认返回帧之前,发送端将暂停发送新的数据帧。接收窗口此时状态仍未变。

(4)接收端已收到 0 号帧,0 号窗口关闭,1 号窗口打开,表示准备接收 1 号帧。此时发送窗口状态不变。

(5)发送端收到接收端发来的 0 号帧确认返回信息,关闭 0 号窗口,表示从重发表中删除 0 号帧。此时接收窗口状态仍不变。

(6)发送端继续发送 2 号帧,2 号窗口打开,表示 2 号帧也纳入待确认之列。至此,发送端打开的窗口又已达规定限度,在未收到新的确认返回帧之前,发送端将暂停发送新的数据帧,此时接收窗口状态仍不变。

(7)接收端已收到 1 号帧,1 号窗口关闭,2 号窗口打开,表示准备接收 2 号帧。此时发送窗口状态不变。

(8)发送端收到接收端发来的 1 号帧接收完毕的确认信息,关闭 1 号窗口,表示从重发表中删除 1 号帧。此时接收窗口状态仍不变。

一般来说,凡是在一定范围内到达的帧,哪怕不按顺序,接收端也要接收下来。若把这个范围看成是接收窗口的话,则接收窗口的大小应该是大于 1 的,而返回 n 帧 ARQ 正是接收窗口等于 1 的一个特例。选择重发 ARQ 则可以看作是一种滑动窗口协议,只不过其发送窗口和接收窗口都大于 1。若从滑动窗口的观点来统一看待停止等待 ARQ、退回 n 帧 ARQ 及选择重发 ARQ3 种协议,它们的差别只在于各自窗口的大小不同而已。

停止等待 ARQ:发送窗口=1,接收窗口=1;

返回 n 帧 ARQ:发送窗口>1,接收窗口=1;

选择重发 ARQ:发送窗口>1,接收窗口>1。

5.5 水声网络逻辑链路控制新方法

5.5.1 基于喷泉码的混合 ARQ

在复杂、时变的水声网络环境中,信道容量和最优数据速率将随时间变化。因此,通过自适应调制,随信道状态改变信息数据速率会提高系统的吞吐量。这要求接收节点能够反馈信道状态信息。物理层中,"信道状态信息"一般指的是信道脉冲响应,但在本小节中它指的是反映信道传输质量的信噪比的量化信息。

发送端可以使用从接收端反馈的信道状态信息来选择数据率,然而由于长传播时延的存在与水声信道的时变性,当发送端得到并利用信道状态信息时,该信息很可能已经过时了。

喷泉编码是一种无速率编码,该编码可以生成任意的冗余量[6]。利用喷泉编码,水声网络中发送节点可以在无需获得信道状态信息的条件下得到自适应信息数据率,进行有效信息传输。喷泉编码的基本属性如下:

(1)信息比特 k 的数目是任意的;

(2)该编码能够在信息比特的基础上产生任意数量的编码比特;

(3)如果解码器正确地接收任意 k' 个编码比特,其中 k' 稍大于 k,它可以对所有发送信息比特进行解码。

喷泉编码可以这样来描述:一个数字喷泉同水的喷泉具有类似属性,用水杯从喷泉中接水时,并不关心接到的是哪滴水,只是关心杯子里的水够不够解渴。即接收端只要获得足够的编码数据包,就可以重建原始数据,而不关心获得的是哪几个数据包。典型的喷泉码有 Tornado 码,Luby 变换(Luby Transform,LT)码和 Raptor 码等。

喷泉码最初是为删除信道设计的,因此有时也称纠删码。在删除信道时,不存在未检测到的误码,因为每一个误码都已被"删除"取代,即误码被删除和忽略了。可以应用其他技术来把一个噪声信道转换成删除信道,如 CRC 检验,如果一帧的 CRC 校验失败,则整个帧被删除。

喷泉码是适用于 HARQ-II 型的,它可以产生信息传输需要的增量冗余,当接收端接收到足够的信息来解码传输信息时,将会返回一个 ACK。与之前的 HARQ 有所不同,基于喷泉码的 HARQ 技术吸收了喷泉码的技术特点。喷泉码作为一种前向纠错码,其译码端要求收到任意略多于发送端编码数量的码字就可以解码得到原始码字,因此要求发送端不断地发送编码符号,译码端收到一定的编码符号进行译码。在已查阅的资料中,已有多篇文献研究了喷泉码在水声网络中的应用[7-8]。该思想较之以前的 HARQ 技术减少了译码的复杂度,提高了传输效率。而喷泉码作为前向纠错码能够保证传输的可靠性。

5.5.2 隐式确认

在多跳网络中,中继节点在链路层给上一跳节点回复 ACK 确认帧不是必需的。例如,如

果节点 A 发送到节点 C 的帧通过节点 B 成功转发,则节点 A 可以侦听到该帧是由节点 B 转发,然后隐含地知道节点 B 正确地接收到数据帧,这种策略被称为隐式确认。很显然,它会大大减少开销和延迟,没有过多增加协议的复杂性。

参考文献

[1] 李建东,盛敏. 通信网络基础[M]. 北京:高等教育出版社,北京,2011.

[2] Mattbew S G. 802.11 无线网络权威指南[M]. 南京:东南大学出版社,2007.

[3] 樊昌信,曹丽娜. 通信原理[M]. 北京:国防工业出版社,2014.

[4] 韩维,黄建国,韩晶. LDPC 码在水下语音通信中的性能[J]. 吉林大学学报:工学版,2010,40(5):1377 - 1380.

[5] 陈瑞朝. 基于喷泉码的 HARQ 技术研究[D]. 北京:北京交通大学,2013.

[6] Mitzenmacher M. Digital fountains:A Survey and Look Forward. In:Proceedings Ofinformation Theory Workshop[J]. IEEE,San Antonio,TX,USA,2004:271 - 276.

[7] Xie P,Cui J H. SDRT:A Reliable Data Transport Protocol for Underwater Sensor Networks[M]. UCONN CSE Technical Report UbiNet－TR06－03,University of Connecticut,2006.

[8] Casari P,Rossi M,Zorzi M. Towards Optimal Broadcasting Policies for HARQ Based on Fountain Codes in Underwater Networks[J]. In:Proceedings of 5th Annual Conference on Wireless on Demand Network Systems and Services,Garmisch－Partenkirchen,Germany,2008:11 - 19.

第6章 水声网络路由

6.1 概 述

在通信网络中,网络层关注的是如何将源端数据包一路送到接收方。为了将数据包送到接收方,在大多数网络中数据包需要经过多跳转发。为了实现这个目标,网络层需要知道网络拓扑信息,并从中选择适当的路径,这也就是路由机制所要解决的问题。路由机制是解决网络如何将数据包从源节点发送到目的节点的问题。它包括三方面的功能:第一,获取并更新网络拓扑信息,适应网络拓扑与状态的变化;第二,获知网络拓扑和链路状态的条件下,依据一定的准则或路由算法选择出源节点到达目的节点的路径;第三,每一个数据包到达之后对其进行处理,在路由表中查找到对应的路径信息并完成对该数据包的转发。

一个理想的路由算法应具有如下特点:

(1)正确性。算法首先必须是正确的。即沿着路由表所指引的路由,分组一定能够到达目的节点。并且,分组到达目的节点后不会再向其他节点转发该分组。

(2)开销小。算法应使用节点本地最少的运行资源,产生尽可能少的路由控制分组,这样可以节省开销、减少时延。如果为了计算合适的路由必须获取来自其他节点的大量状态信息,路由开销就会较大。

(3)稳健性。即算法能够适应网络业务量和拓扑的变化。当网络总的业务量发生变化时,算法能自适应地改变路由。当节点移动、链路出现故障或修复后重新开始工作时,算法应能及时找到一条替换的路径。

(4)公平性。算法对所有的用户必须是等同的。例如,仅考虑使某一对用户的端到端时延为最小,它们就可能占用相对较多的网络资源,这样就明显不符合公平性的要求。

(5)最优性。路由选择算法应该能提供最佳路由,从而使平均分组时延最小、吞吐量最大、可靠性最高或能耗最低。这里"最佳"可以是由多个因素决定的[1],如链路长度、数据率、链路容量、传输时延、节点缓冲区被占用的程度、链路的差错率、分组的丢失率、能耗等。

显然不存在一种绝对最佳的路由算法,所谓"最佳"只能是相对于某一种特定准则要求下得出的较为合理的选择而已。

6.2 无线网络路由

在无线网络中,由于节点的无线通信覆盖范围的有限性,两个无法直接通信的节点可以借助其他节点进行分组转发来进行数据通信。网络内部节点之间通过多跳数据转发机制进行数据交换,需要路由协议进行分组转发决策。

传统有线网中采用的路由协议主要有两种策略:距离矢量算法(Distance Vector Algorithm,DVA)和链路状态算法(Link State Algorithm,LSA)。在距离矢量算法中,相邻路由器之间周期性地相互交换各自的路由表拷贝。当网络拓扑结构发生变化时,路由器之间也将及时地相互通知有关变更信息。在链路状态算法中,每个节点通过周期性向邻节点广播 hello 分组获取关于自己邻居节点的最新信息,并将获得的信息以链路状态分组(Link State Packet,LSP)的形式泛洪至全网所有其他节点,从而使网络中任意一个节点都能保存一份最新的关于整个网络拓扑信息的数据。当网络拓扑发生变化时,最先检测到这一变化的节点将以 LSP 的形式泛洪至全网其他节点。这两种传统的路由策略都无法直接应用于无线多跳网络中。这是因为无线网络拓扑动态变化的特性使得传统的有线网的 LSA 和 DVA 产生大量的用于路由更新和拓扑变化的控制信息。这些控制信息不仅会消耗掉网络原本非常有限的带宽资源,而且还会增加信道竞争,大量消耗无线终端的能量。

由于水声网络具备许多不同于陆上无线网络的特性,因此其路由协议的研究与设计也面临着许多全新的挑战。

(1)有限且时变空变的传输带宽。水下声学通信主要受到传输损耗、噪声、多路径、多普勒扩展以及传输延迟不断变化的影响。这些特性导致了水下声学信道的时空多变性,限制了水下信道的可用带宽,使其依赖于通信范围和频率。这些因素都使得物理层的比特率大大降低。

(2)过长且时变的传播时延。水声信道的传播速度比无线电信道传播低将近 5 个数量级。这种高延迟(约为 0.67 s/km)及其随海洋环境因素而变化的多变性,不仅大大降低了系统的吞吐量,而且增加了网络协议的复杂度。

(3)高能耗与电池能量受限之间矛盾显著。在水声网络中,无线通信所消耗的能量远大于计算和传感器所消耗的能量。目前的传感器节点以电池供电,节点能量十分有限,且节点电池的更换耗时耗力。因此,节能便成为水声网络协议设计中一个至关重要的问题。如何在保证协议性能的前提下,降低节点能量消耗,延长节点生存期,已经成为水声网络的一大研究热点。

(4)网络的动态性。在复杂的水下环境中节点故障在所难免,失效节点退出网络、新节点加入网络以及节点受洋流影响的不断漂浮移动都使得水声网络拓扑不断变化,网络的动态性给网络维护带来了一定的困难。因此,在为水声网络设计网络协议时,容错性和鲁棒性是两个必须要考虑的因素。

以上种种因素,都使传统的路由协议无法直接应用于水声网络,水声网络路由协议设计面临新的挑战,对新协议的设计迫在眉睫。

6.3　路由协议分类

现有的无线网络的路由协议有很多种,这些路由协议是基于各种不同策略的(这里仅考虑单播路由协议,没有考虑组播路由协议)。路由协议的分类可以采用多种方法,下面从路由结构、路由发现策略、路由信息的存放方式及是否依赖位置信息等 4 个不同的角度对无线网络路由协议进行分类。

6.3.1　按路由结构分类

从所处理的网络逻辑视图的角度划分,路由协议可分为平面路由协议和分级路由协议。

1. 平面路由协议

在平面路由协议中,所有节点在形成和维护路由信息的责任上是等同的。路由协议的逻辑视图是平面结构,节点的地位是平等的。其优点是不存在特殊节点,路由协议的鲁棒性较好,通信流量平均地分散在网络中,且路由协议不需要节点移动性管理。其缺点是缺乏可扩展性,限制了网络的规模。

2. 分级路由协议

在分级路由协议中,网络由多个簇组成,节点分为两种类型:普通节点和簇头节点。处于同一簇的簇头节点和普通节点共同维护所在簇内部的路由信息,簇头节点负责所管辖簇的拓扑信息的压缩和摘要处理,并与其他簇头节点交换处理后的拓扑信息。采用分级路由主要有两个目的:一是通过减少参与路由计算的节点数目来减小路由表规模,降低交换路由信息所需的通信开销和维护路由表所需的内存开销;二是基于某种簇形成策略,选举产生一个较为稳定的子网络,减少拓扑结构变化对路由协议带来的影响。簇路由的优点是适合大规模的自组织网络环境,可扩展性较好;缺点是簇头节点的可靠性和稳定性对全网性能影响较大,并且为支持节点在不同簇之间漫游所进行的移动管理将产生一定的开销。

现有的无线网络路由协议大多是基于平面路由思想,主要原因是无线网络目前主要以一种末端网络形式存在,应用规模都较小,使用簇思想的作用不明显。这在一定程度上抑制了分级路由的研究。

6.3.2　按路由发现策略分类

按路由发现的策略划分,路由协议可分为 3 类:主动路由协议、被动路由协议和混合路由协议。

1. 主动路由协议

主动路由协议是修改有线网络的路由协议以适应自组织网环境而得来的,其路由发现策略类似于传统有线网中路由协议。所有的路由在一开始就确定下来,各节点通过周期性的广播路由信息分组,交换路由信息,来维持和更新路由。而且,节点必须维护去往全网所有节点的路由。

它的优点是当节点需要发送数据分组时,只要去往目的节点的路由存在,所需的时延就很小;缺点是为了尽可能使得路由的更新能够及时反映当前拓扑结构的变化,主动路由需要花费较大的开销,因为路由开销正比于网络节点数和拓扑变化程度。

然而,动态变化的拓扑结构可能使得这些路由更新变成过时信息,路由协议始终处于不收敛状态。主动路由协议适用于网络规模较小、拓扑变化不是很强的情形。主动路由协议能随时为网络提供到任意节点的最新路由信息,适用于实时业务和交互式业务。

2. 被动路由协议

被动路由协议的路由发现思想是仅在源节点有分组要发送且本地没有去往目的节点的路由时,才"按需"进行路由发现并建立所需路由。网络每个节点不需要维持去往其他所有节点的路由。拓扑结构和路由表内容是按需建立的,它可能仅仅是整个拓扑结构信息的一部分。按需路由协议通常由路由发现和维护两个过程组成。通过向网络中广播一个"路由请求"分组就可进行路由发现。

它的优点是节点不需要建立和实时维护到全网中所有节点路由信息,进而可以减少周期性路由信息的广播,节省了一定的网络资源;缺点是发送数据分组时,如果没有去往目的节点的路由,数据分组需要等待因路由发现引起的时延。并且在用户密集且负荷较大时,泛洪开销很大,在呼叫建立之前网络无法预知链路质量。被动路由协议在低负荷、低移动性的大型网络中表现出色[2]。

我们知道,主动式路由协议源自有线网的路由协议所采用的思想,而被动式路由协议是采用与主动式路由协议完全不同的思想。表 6-1 对主动式和被动式路由协议特点进行了总结、对比,为工程实际中路由协议的选择提供了依据。

一般来说,尽管主动路由协议可以传输高信息量的信息,但是它们并不能很好地应用于水声网络,尤其是当开销占用了大量的可用带宽,从而留给实际信息更加有限的带宽资源时。

表 6-1　主动路由与被动路由协议对比

	主动路由协议	被动路由协议
所需维持的路由	网络中每一个节点要持续地维持到全网所有其他节点的路由	仅需维持到所需目的节点的路由和维护处于"活跃状态"的链路
路由发现策略	所有的路由在一开始就确定下来,各节点通过周期性地交换路由信息来维持所有的路由信息	只有在源节点需要发送分组到某一目的节点且本地没有到该目的节点的路由的情况下,才触发路由发现操作
路由获取的性能	时延很小(适合实时通信业务)	时延比较大,且在路由建立之前不能预知该链路的质量
开销	路由协议开销正比于网络规模和拓扑变化程度,与网络连接数无关	开销正比于网络连接数(网络中处于"活跃状态"的源节点和目的节点对的数目)
扩展性	在大、中规模的移动 Ad Hoc 网络中扩展性不佳	相比较主动式策略,有良好的扩展性好
应用场景	适用于网络规模较小,节点移动性不强的情形	在用户不很密集、负荷中等、移动性一般的大型网络中表现出色

3. 混合路由协议

混合路由协议综合主动和被动两种路由策略,在网络结构上采用平面或分层结构。如区域路由协议(Zone Routing Protocol,ZRP)就是一类混合使用主动路由和被动路由策略的协议,在一定的网络区域内采用主动路由策略,区域间则采用被动路由的策略。

6.3.3　按路由信息的存放方式分类

按路由信息的存放方式分类,路由协议分为源路由和逐跳路由协议。在源路由协议中,每个数据分组携带完整的从源节点到目的节点所经中间节点的地址信息,中间节点不再需要像逐跳路由那样要为每条活动路径维护实时的路由信息,它们仅需要依据数据分组头中携带的信息对分组进行转发。源路由协议的主要不足是扩展性不好。首先,随着每条路径的中间节点数的增加,该路径发生故障的概率就越大;其次是随着路由中间节点数量的增加,每个数据分组的开销就越大。因此在多跳、移动性的大规模无线网络中,源路由的可扩展性很差。动态源路由协议(Dynamic Source Routing,DSR)就是采用源路由方式的路由协议。

在逐跳路由协议中,数据分组仅携带目的地址,中间节点收到数据分组时依据目的地址查询路由表得到下一节点地址,然后将数据分组转发到相应的链路上去,数据分组就这样一跳一跳地向目的节点转发。该协议的优点是能适应移动 Ad Hoc 网络动态变化的环境,每个节点在收到最新的拓扑信息时便会更新本地路由表,从而能保证将到达的数据分组转发到更新更好的路径上去。该路由策略的不足是每个中间节点都要实时维护一定的路由信息,且每个节点都要通过周期性的信标维持邻节点之间的连通性。

6.3.4　按对地理位置的依赖性分类

按照是否依赖于位置信息进行划分,路由协议可分为基于网络拓扑的路由协议和基于位置的路由协议。基于网络拓扑的路由协议是利用链路信息进行路由的建立和分组转发。基于位置的路由协议是利用节点的位置信息(通过 GPS 或其他定位服务获取)进行分组转发。

基于位置信息辅助的路由协议是在建立路由时基于节点当前位置,使控制信息朝着目的节点方向寻找路由,限制了路由请求过程中被影响的节点数目,提高了效率。其优点是利用节点位置信息可以减小路由信息的泛洪范围,从而在一定程度上减小了开销。其缺点是对于位置信息的依赖性限制了应用范围,且交换节点间的位置信息也有一定的开销。这类协议典型的有位置辅助路由(Location Aided Routing,LAR)等。

位置辅助路由(基于位置信息的路由)是一种基于渐近地向目的节点传输数据方法的路由机制,也就是说,当数据成功地传向多跳路径中的下一个中继节点之后,持有数据包的节点到目的节点的距离就会减少。地理位置路由有很多优点,其中一个就是它几乎是无状态的。在一个足够密集的网络中,每一个节点都有至少一个适合进行中继传输的邻节点,这就允许采用非常简单的贪婪模式路由协议进行部署。

6.4　典型的水声网络路由协议

关于水声网络的路由协议的研究活动最近几年才展开,很多协议都直接采用地面无线网络的路由机制,而不是直接针对水下环境设计的。水声网络路由协议研究中最重要的是水下传输和网络路由方法之间的合理匹配。为此,研究水声信道特性对水声网络路由的影响,在此基础上设计适用于水声信道的路由协议才能达到提高网络性能的目的。

6.4.1　动态源路由(DSR)

DSR[3] 协议是一种采用源路由策略的被动路由协议。采用源路由策略是指 DSR 通过分组头来携带路由信息,收到数据分组的中间节点按分组携带的信息对该分组进行转发,中间节点不需为活动路径维持实时的路由信息。

在 DSR 协议中,当且仅当源节点有数据发往一个目的节点且本地没有达到该目的节点的路由信息时,DSR 协议才进行路由发现,去寻找到目的节点的路由。之后通过路由维护操作实现对活动路径的维护。在被动路由协议中,路由发现是按需进行的,路由维护也是按需进行的,网络仅对当前路由进行维护,对其他路由则不闻不问。这也是被动路由协议区别于主动路由协议的最大特点。

1. 路由发现

一个节点触发路由发现时,向其所有邻节点广播路由请求(Route Request,RREQ)分组,该分组描述所要到的目的节点的信息。当某节点找到去往目的节点的路由信息时,它就向源节点发送一个路由回复(Route Reply,RREP)分组。当源触发节点收到 RREP 分组时,便得到了所需的路由,本次路由发现即成功结束。

RREQ 分组中含有目的节点地址、源触发节点地址、路由记录(记录该 RREQ 分组目前所经过的路径,用节点序列来表示)、RREQ ID(由源触发节点设置的用于唯一标识该 RREQ 的值)。

当任何一个节点收到一个 RREQ 分组时,具体操作按以下步骤进行。

(1)若该分组的源触发节点地址、RREQ ID 的域值与该节点不久前收到的 RREQ 分组的相应域值都相同,则将该 RREQ 丢弃。

(2)否则,检查该节点的地址是否出现在 RREQ 分组的路由记录中。若是,丢弃该分组。

(3)否则,检查该节点的地址是否与 RREQ 的目的节点地址相同。若相同,则表示已经找到了一条源到目的节点的路由,这时 RREQ 的路由记录中已经记录了从源到目的路径所经过的所有节点地址。将该路由记录写入 RREP 分组的相应域中,并将 RREP 发回源触发节点。

(4)否则,检查本地节点是否有到目的节点的路由。若有,按一定规则生成 RREP,并将其发回源节点。

(5)否则,将分组中的路由记录信息在本地节点留一个备份,然后将该节点地址写入 RREQ 的路由记录中,最后将修改后的 RREQ 再次广播给自己的邻节点。

DSR 的路由发现过程如图 6-1 所示。该图中,S 是源节点,D 是目的节点。S 首先向其所有邻节点 A,B,C 广播发送 RREQ 分组,这些节点收到 RREQ 按上述操作对 RREQ 进行处理后继续将其进行广播,直到找到去往目的节点 D 的路由。

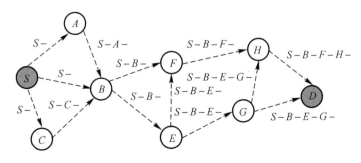

图 6-1　DSR 的 RREQ 分发过程

当找到去往目的节点的路由向源触发节点发送 RREP 时,要用逆向链路传送。这需要节点间的双向链路实时存在,而这种需求有时是无法满足的,为此,DSR 采用将 RREP 搭载到以源触发节点为目的节点的路由发现的 RREQ 分组上进行传输。

2. 路由维护

当且仅当某一条路径在使用时,DSR 才会对其进行路由维护。路由维护要求网络监视该路径,这种监视通过链路层 ACK 实现,一旦有问题就通知源端节点。当数据链路层报告了一个无法修复的错误时,本地节点向源端发送路由错误(Route Error,RERR)分组。RERR 分组包含发生故障的那一跳两端节点的地址信息,这样当源端收到 RERR 时那一跳就被从路由快存中删除,且所有含那一跳的路由都得删掉该跳,以维持路由快存信息的正确性和实效性。

DSR 协议采用被动按需的路由发现和路由维护,减小了控制分组的开销;该协议的路由快存技术支持到目的节点的备份路径;DSR 还有支持单向信道的优点。但是基于源路由的设计使得 DSR 在大规模的网络中无法适用,并且还存在过时路由信息在网络中污染传播的问题。

6.4.2 矢量转发路由(VBF)

矢量转发路由(Vector Based Forwarding,VBF)协议是一种地理路由协议[4],每个节点基于本地信息进行转发决策。如图 6-2 所示,矢量转发路由协议中每个数据包都携带有源节点 S_1、目的节点 S_0 和转发节点(中继节点)的位置信息。一旦接收到数据包,节点通过测量转发节点与声信号到达角之间的距离来计算它的相对位置。如果节点距离 S_1 到 S_0 之间的连线(路由矢量)足够近(即节点在一个围绕 S_1S_0 的给定半径 W 的"路由管道"内),那么节点继续向前传送接收的数据包,否则就丢弃数据包。

为了进一步减少转发数据包的数量,从而最终减少能耗,VBF 基于"满意因子"来使可用节点中只有一个子集可以完成转发。即,当一个节点接收到一个数据包时,首先要判断该节点是否距离路由矢量足够近。如果是,该节点会保持数据包一段时间,这段时间与满意因子相关。这个方法是为了允许最满意的节点在更短的时间内转发数据包,从而抑制其他节点的传输,这样会显著地减少数据包副本的数量。该协议的性能分析表明,它具有良好的网络扩展性,同时具有很好的鲁棒性和能量效率。但是,值得注意的是,该协议同所有的地理路由协议一样,存在一个隐含的代价,那就是节点必须知道自己的位置和目的节点的位置。这就需要通过专用硬件装置或者具体可行的定位算法的实施来完成节点位置的估计。例如,基于知道自己位置信息的锚节点及其对其位置信息的周期性广播,其他节点可以运用三角测量法来估计自己的位置。

基于矢量的逐跳转发协议[5]是对 VBF 协议的进一步扩展,它旨在解决 VBF 协议中的由于一个单独的源到宿向量的使用而导致的两个问题。首先,这个向量允许在源和目的节点之间只创建一个单一的虚拟路由管道,这样会严重影响那些节点密度很低的网络区域中路由的效率。此外,VBF 协议也对路由管的半径非常敏感,使得该协议在实际的网络部署中并不合适。通过允许节点在逐跳方式中创建虚拟路由管道,能显著减少这两个问题带来的影响,同时能够在稀疏网络中降低能量消耗,增加数据包的传输率。

图 6-2　基于矢量传输的示意图

6.4.3　波束聚焦路由(FBR)

波束聚焦路由(Focused Beam Routing,FBR) 协议[6]也是一种基于位置信息的路由机制,旨在通过有效的功率控制减小能量消耗。FBR 协议是一种同时适用于静态和动态水声网络的协议,且不要求时钟同步,与 VBF 类似需要获取源节点与目的节点的位置信息。FBR 协议通过功率控制来减少能量损耗,该协议假定发射功率有 P_1 到 P_N 共 N 个等级,并且每一个等级的发射功率都与传输半径有关。

图 6-3 中给出了 FBR 协议的基本工作原理:节点 A 为源节点,节点 B 为目的节点。源节点 A 向其邻节点发送了一个请求发送(Request To Send,RTS)帧,该帧中包含了源节点和目的节点的位置信息。该请求帧用最低的传输功率进行发送,只有在必须的时候才会增加功率等级(例如,如果之前的传输没有到达任何一个邻节点)。节点 A 的所有邻节点中,在接收到 RTS 帧后要首先计算它们相对于节点 A 和 B 的连线的位置,从而来判断它们是否可用作备选节点来转发数据信息。如图 6-3 所示,FBR 协议的备选转发节点都位于一个锥面内。备选节点回复给节点 A 允许发送(Clear To Send,CTS)帧,节点 A 将数据包转发给备选节点,然后备选节点重复相同的传输过程,最终形成一个通向目的节点 B 的多跳路径。仿真结果表明,这种 MAC 和功率控制相结合的路由机制能够建立一个按需的路由。

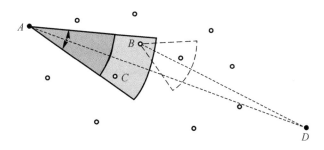

图 6-3　FBR:位于传输锥形中的节点为备选节点

6.4.4 定向泛洪路由(DFR)

定向泛洪路由(Directional Flooding - based Routing, DFR)协议是一种基于方向性泛洪原理的路由协议,它依靠泛洪来提高可靠性[7]。为了阻止数据包泛洪到整个网络中,参与泛洪发送数据包的节点数是受控制的。在 DFR 路由协议中,为了提供高的可靠性,数据包的传输在一个网络的受限区域中实现。或者说,当一个节点要发送数据包时,它向目的节点泛洪发送这个数据包。但是,为了阻止数据包泛洪到整个网络中,参与泛洪数据包的节点(参与泛洪的节点构成区域称为泛洪区域)受到限制。泛洪区域由 FS 和 FD 的夹角决定,F 是传输数据包的一个节点,S 和 D 分别是源节点和目的节点。F,S,D 的位置如图 6-4 所示,当接收一个数据包后,通过比较 $\angle SFD$ 角度和一个被包含在已接收的数据包中的标准角度(BA,Base Angle),来动态地决定 F 节点是不是需要发送这个数据包。标准角度大小的选取取决于目的节点的特性,这样泛洪区域就可以动态地根据目的节点的特性而改变。也就是说,目的节点的特性越好,泛洪区域就越小。而且,泛洪区域必须至少包括一个网络节点来传输数据包。

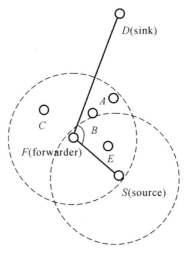

图 6-4　F,S,D 的位置

DFR 路由机制通过定向地向目的节点泛洪发送数据包来传输数据,相比依靠一个源节点和目的节点建立的路径,这样可以保证高的可靠性。根据一个由当前节点、源节点和目的节点这 3 个节点决定的角度,即当前角度(Current Angle,CA),节点将决定是否泛洪发送数据包。当一个源节点要发送一个数据包时,它广播一个包括它的位置信息和 BA 的数据包。当收到上述的数据包时,每个节点将比较它的 CA 和 BA 来决定是否发送这个接收到的数据包。如果节点的 CA 小于 BA,因为它处于泛洪范围之外,所以它将丢弃这个接收到的数据包。相应地,DFR 路由机制通过调整 BA 可以改变泛洪区域的范围。

6.4.5 水深路由(DBR)

为了在水声网络中完成高效的路由选择,很多路由协议要求水下节点都能大致知道自己的位置信息,而水深路由(Depth Based Routing,DBR)协议[8]是基于深度的路由协议,它只需要节点的深度就能完成路径的选择,尤其适用于节点位置的深度梯度明显的情形。这种方法既避免了采用复杂的定位技术,同时由于深度信息更容易由压力传感器测量得知,这在一定程度上简化了水声网络设备。DBR 协议是一种基于水深的贪婪路由机制,每个节点都基于自己的深度和前一个中继节点的深度(一般而言,最后一个传输数据包的节点的深度信息很容易被保存在数据包中)来传输数据。如果节点比前一跳离水面的距离更近,那么该节点就可以作为继续传输数据的备选节点。在密集型水下网络中,备选节点会出现多个。因此,如果这些节点都传输数据,那么数据碰撞的几率就会很大,同时也浪费能量或者会产生数据包的重复传输。为了减少备选节点的数量,DBR 协议利用冗余包抑制参数和超时参数选择最佳的备选节点。仿真表明,对于密集网络,DBR 协议能够在很小的通信代价条件下获得很高的数据传输率。

DBR 协议能够充分利用水下传感器网络体系的多个汇点。如图 6-5 所示,在网络中,同时装备有射频放大器和声学调制解调器的多个汇点部署在水面,水声传感器网络节点都分布在所在的三维区域中,并且每个节点都可能成为一个数据源,它们可以在收集数据同时也能够向汇点转发数据包。由于所有的汇点中都有无线电射频的调制解调器,所以这些汇点能够通过无线电信道与其他汇点进行有效的连接。这样,如果数据包到达任意一汇点,就能确保该数据包能够传送到其他汇点或者距离较远的数据中心。

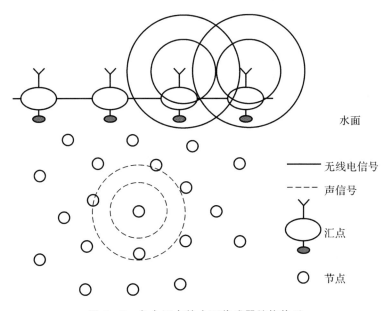

图 6-5 多个汇点的水下传感器结构体系

DBR 是一种贪婪算法。在这个过程中,在数据包传输的过程中,转发节点的深度会慢慢减少。如果每步传输中都能够减少转发节点的深度,那么数据包最终能到达水面。在该协议中,节点通过对于自己深度和之前发送节点的深度来决定如何进行数据转发。

DBR 的缺点是,当一个传送节点在群中遇到一个空区域时,就可能找不到比它有更低压力的其他邻近节点。像在二维平面路由一样,它就必须返回到恢复模式,绕开空区域来传送数据包。

6.4.6　分层路由策略（PULRP）

水声网络路由协议的主要困难在于由于节点的移动和时变空变复杂水声信道造成的频繁链路中断，从而导致了高的传输时延，大量的丢包以及动态变化的网络拓扑。考虑到所有这些问题，有学者针对密集的水声网络提出了一种新颖的路径未知条件下的分层水声网络路由协议，也称为路径未知分层路由（Path Unaware Layered Routing Protocol，PULRP）[9] 协议。PULRP 协议包含两个阶段，即分层阶段和通信阶段。分层阶段中，在汇点周围形成多个同心球形层，并且使每个节点只属于一个球形层。球的半径是由数据传输成功的概率和数据包传输时延决定的。通信阶段中，则从源节点到汇点之间的球形层之间形成所需路径。

在这里可以看到，由于 PULRP 采用的是实时路由发现，所以它不需要固定的路由表和时间同步过程。Sarath Gopi 等人提到的这种分层协议相对于水下分发路由策略（Under Water Diffusion，UWD）有较好的传输成功率，并且在时延方面和 UWD 协议也比较接近。下面详细介绍 PULRP 路由协议的分层和通信两个过程。

分层过程：汇聚节点处于第 0 层，它通过发射一个功率为 P_1 的分层探针来开始分层过程，其中这个探针包含着当前节点所处的层数。任意接收到探针的节点，若接收功率不小于检测门限 P_D，则标记它们自己为第 1 层的节点。接着第 1 层的节点采用与汇点（Sink Node）相同的动作去构建第二层，如此下去，直至探针到达最外层的一个节点。这样每一个节点都将会根据离汇点远近标记自己为某一层的节点，且这些层是一个以汇点为球心的同心球。

通信过程：任何一个源节点 T_1 和汇聚节点 S 通信时，在低层中搜索中继节点，且在每一层中都要选出一个中继节点，这个中继节点不但要与源节点的距离最远，同时还要保证有足够的能量去传输数据。

PULRP 算法通过选择有足够能量的中继节点来传输数据而保证了高的传输率。这个算法不要求定位、时间同步，也不要求去维持一个路由表。PULRP 采用的实时路由发现策略可以很好地避免由于节点移动或洋流带来的连接中断，有效提高网络吞吐率。

参考文献

[1] 李建东，盛敏. 通信网络基础[M]. 北京：高等教育出版社，2004.

[2] 赵瑞琴. 无线移动自组织网关键技术研究[D]. 西安：西安电子科技大学. 2006.

[3] Othes R，Asterjadhi A，Casari P，et al. Underwater Acoustic Networking Techniques[M]. Springs Briefs in Electrical and computer Engineering. 2012.

[4] Xie P，Cui J H，Lao L. VBF：Vector—based Forwarding Protocol for Underwater Sensor Networks [J]. In：Proceedings of IFIP Networking，Waterloo，ON，Canada，2005.

[5] Nicolaou N，See A，Cui J H，Maggiorini D. Improving the Robustness of Location—based Routing for Underwater Sensor Networks[J]. In：Proceedings of MTS/IEEE OCEANS. IEEE，2007.

[6] Jornet J M，Stojanovic M，Zorzi M. On Joint Frequency and Power Allocation in a Crosslayer Protocol for Underwater Acoustic Networks[J]. IEEE Journal of Oceanic Engineering，2010，35（4）：936 –947.

［7］ Shin D, Hwang D, Kim D, DFR: An Efficient Directional Flooding—based Routing Protocol in Underwater Sensor Networks[J]. Wireless Communication andMobile Computing, 2012, 12(17): 1517 – 1527, 2012.

［8］ Yan H, Shi Z, Cui J, DBR: Depth—based Routing for Underwater Sensor Networks[J]. In: Proceedings of IFIP Networking'08.

［9］ Sarath G, Kannan G, Deepthi C PULRP: Path Unaware Layered Routing Protocol for Underwater Sensor Networks[J]. IEEE ICC, 2008: 3141 – 3145.

第7章 水声网络仿真

7.1 概　　述

　　网络仿真技术是一种通过建立网络设备和网络链路的统计模型,模拟网络传输流量,从而获取网络设计或优化所需要的网络性能数据的仿真技术[1]。它具有全新的模拟实验机理及在高度复杂的网络环境下得到高可信度结果的能力,包括网络拓扑仿真、协议仿真和通信量仿真,模拟网络流量在实际网络中的传输和交换等过程。通过网络仿真,可为优化和扩容现有网络提供定量的分析数据。在进行新网络设计时,网络仿真能进行网络预测,定量评估网络设计方案,特别适用于大中型网络的设计。在协议算法的研究上,网络仿真能够进行早期排错,缩短开发过程。

　　网络仿真是一种利用数学建模和统计分析的方法模拟网络行为的技术。它能获取特定的网络特性参数,进而可对网络性能进行研究和分析,达到改善网络运行状况的目的。目前,常用的网络仿真软件主要有 OPNET 和 NS-2(Network Simulator Version 2)。

7.2　常用的网络仿真软件

7.2.1　OPNET 网络仿真

　　OPNET[1]最早是在 1986 年由麻省理工学院的两位博士创建的,人们发现网络模拟非常有价值,因此于 1987 年建立了商业化的 OPNET。OPNET 用户包括企业、网络运营商、仪器设备厂商,并且该软件在军事、教育、银行、保险等领域应用广泛。OPNET 近些年赢得的大量奖项是对其在网络仿真中所采用的精确模拟方式及其呈现结果的充分肯定。在 OPNET 各种产品中,Modeler 几乎包含其他产品的功能,针对不同的领域,它表现出不同的用途。

　　(1)对于企业网的模拟,Modeler 调用已经建好的标准模型组网,在某些业务达不到服务质量要求的情况下,如网上交易、数据库等业务响应时间慢于正常情况,Modeler 捕捉重要的流量进行分析,从业务、网络、服务器三方面找出瓶颈。

　　(2)对比于企业网更复杂的运营商网的模拟,Modeler 焦点放在整个业务层、流量的模拟,使运营商有效查出业务配置中产生的错误,例如有哪个服务器配置不好,让黑客容易进攻,有哪些业务的参数配置不合适等情形。

　　(3)针对研发的需求,Modeler 提供了一个开放的环境,使用户能够建立新的协议和配备,并且能够将细节定义并模拟出来。

Modeler 所能应用的各种领域包括端到端结构、系统级的仿真、新的协议开发和优化、网络和业务层配合如何达到最好的性能等。举例来说,在端到端结构上的应用中,从 IPv4 网络升级为 IPv6,采用哪种技术方式的升级效果比较好;在系统级的仿真中,分析一种新的路由或调度算法如何使路由器或者交换机达到服务质量要求;在网络和业务之间如何优化方面,可以分析新引进的业务对整个网络的影响和网络对业务的要求,实际中,网络和业务是对矛盾,通过 Modeler 模拟来查找网络和业务之间所能达到最好的指标。

Modeler 采用分层的模拟方式,从协议间关系看,节点模块建模完全符合 OSI 标准:业务层→TCP 层→IP 层→IP 封装层→ARP 层→MAC 层→物理层。从网络物件层次关系看,提供了 3 层建模机制,最底层为进程模型,以状态机来描述协议;其次为节点模型,由相应的协议模型构成,反映设备特性;最上层为网络模型。3 层模型和实际的协议、设备、网络完全对应,全面反映了网络的相关特性。

OPNET 软件包由一系列工具组成,每种工具都集中处理仿真任务的某一方面。针对模拟和仿真工作的 3 个阶段,这些工具大致分为 3 类:说明、数据采集和仿真与分析,3 个阶段依次执行通常构成一个环,最后将分析结果返回到定义阶段,如图 7 - 1 所示。

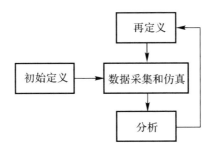

图 7 - 1　模拟仿真工作的 3 个阶段

OPNET 采用离散事件驱动的仿真机理,其中事件是指网络状态的变化,只有网络状态发生变化时模拟机才工作;网络状态不发生变化的时间段内不执行任何模拟计算,即被跳过。因此,与时间驱动相比,离散事件驱动的仿真机计算效率得到了很大的提高。

7.2.2　NS - 2 网络仿真

NS - 2 是面向对象的、离散事件驱动的网络环境模拟器,主要用于解决网络研究方面的问题[2]。NS - 2 来源于 1989 年的 Real Network Simulatior 项目,一直以来都在吸收全世界各地研究者的成果,包括加州大学伯克利分校、卡内基梅隆大学等学校和 SUN 等公司的无线网络方面的代码。

NS - 2 是一个离散时间模拟器,其核心部分是一个离散事件模拟引擎。NS - 2 中有一个"调度器"类,负责记录当前时间,调度网络时间队列中的事件,并提供函数产生新事件,指定事件发生的时间。在一个网络模拟器中,典型的时间包括分组到达、时钟超时等,模拟时钟的推进由事件发生的时间量决定。模拟器所做的就是不停地处理一个个事件,直到所有的事件都被处理完或者某一特定事件发生为止。

NS - 2 有一个丰富的构件库,用户通过构件库可以完成自己所要研究的系统的建模工作。

NS-2 的构件库所支持的网络类型包括广域网、局域网、移动通信网、卫星通信网等,所支持的路由方式包括层次路由、动态路由、多播路由等。NS-2 还提供了跟踪和检测的对象,可以把网络系统中的状态和事件记录下来以便分析。另外,NS-2 的构件库还提供了大量的数学方面的支持,包括随机数产生、随机变量、积分等。图 7-2 给出了 NS-2 构件库的部分类层次结构。

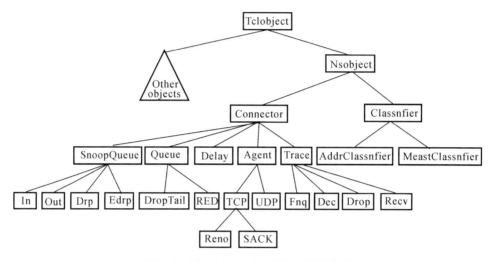

图 7-2　NS-2 构件库的部分类层次结构

在水声网络方面,意大利帕多瓦大学通过扩展 NS-Miracle 仿真软件的库,研发了基于 NS-2 的 DESERT(Design, Simulate, Emulate and Realize Test-Beds for Underwater Network Protocols)[3]网络仿真模块,为水声网络提供了协议栈和开发新协议所需的支撑函数。NS-Miracle 通过一个专门处理跨层信息的引擎对网络仿真 NS-2 做了加强,同时,也可使得多个模块在协议栈的每层中共存。NS-Miracle 可以模拟节点的逻辑架构,并尽可能近似于真实设备上的逻辑架构。DESERT 是一个完整的公共 C/C++库,用以支持水声网络协议的设计和实现。最近,美国康涅狄格大学水声传感器网络实验室开发了一款基于 NS-2 的水声网络仿真软件 Aqua-Sim[4],该软件可以有效地模拟水下传感器网络中的声信号衰减和数据包碰撞。此外,Aqua-Sim 支持三维部署,提供了丰富的可配置参数,同时集成了包括 MAC 层和路由层在内的诸多水声网络协议。

7.3　基于 OPNET 的水声信道仿真建模

在 OPNET 无线信道模型中,对于发射信道和接收信道对之间的无线传输过程可以用一系列功能单一的子传输阶段的组合来描述,如图 7-3 所示。OPNET 无线仿真中采用 14 个首尾相接的管道阶段来尽最大可能趋近真实的数据帧在信道中的传输,将信道对包产生的传输效果考虑进整个网络模型中。由于 OPNET 中无线信道管道模型主要是针对陆地电磁波信道而设计的,为此它并不能很好地适应水声信道。下面,从传播时延、接收功率以及接收信噪比等管道阶段[5],讨论水声信道的建模。

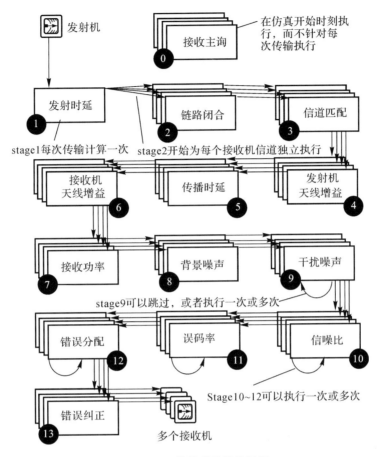

图 7 - 3　无线管道阶段流程图

1. 传播时延阶段

在无线链路仿真中,考虑到节点的移动性,采用式(7 - 1)计算,传播时延为

$$T_{\mathrm{p}} = (d_{\mathrm{start}}/\bar{c} + d_{\mathrm{end}}/\bar{c})/2 \tag{7-1}$$

传播开始时,接收节点和发送节点之间的距离为 d_{start},结束时的距离为 d_{end}。由于电磁波的传播速度与水下声信号相差 5 个数量级,所以,必须将传播时延阶段的传播速度设置为水下声信号的传播速度。虽然水声信号的传播速度受到深度、温度、盐度等影响不再是一个固定值,考虑同一层声速变化不大,可以设置水声传播速度 $\bar{c} = 1\ 500\ \mathrm{m/s}$。

2. 接收功率计算阶段

在接收功率计算阶段,需要对水声信道中的传播损失进行仿真解算,以得到数据包经过信道传播后在接收端对应的接收功率。水声信道中总的传播损失可由式(2 - 1)得到。

接下来提取发射机发射功率、发射信号载频、信道带宽等参数,计算出接收声信号功率 P_{r} 为

$$10\lg P_{\mathrm{r}} = 10\lg P_{\mathrm{t}} + 170.8 + \mathrm{DI}_{\mathrm{t}} - \mathrm{TL} + \mathrm{DI}_{\mathrm{r}} \tag{7-2}$$

其中,P_{t} 为发射声信号功率,TL 为传播损失,DI_{t} 为发射换能器的指向性增益,DI_{r} 为接收换能器的指向性增益。

3. 信噪比计算阶段

接收信号的功率 P_r 与信号带宽内噪声功率的比值称为接收信噪比。假设环境噪声可以近似为一个均值为 0、双边功率谱密度为 $N(f)/2$ 的平稳高斯白噪声，这时接收信噪比由式（7-3）给出。可以看出，OPNET 中还考虑了系统的处理增益（proc_gain），它取决于信道带宽和系统数据速率。

$$\text{SNR} = \frac{P_r}{N(f)B} + \text{proc\_gain} \tag{7-3}$$

7.4 水声网络仿真实例

7.4.1 网络仿真场景

本章以一个 4 节点的水声网络为例，讨论基于 OPNET 的水声网络仿真建模。4 个节点分别为 node_0，node_1，node_2 和 node_3，其中 node_1，node_2 和 node_3 为普通传感器节点，负责收集海洋环境信息，node_0 为中心节点集中处理来自传感器节点的信息。该网络采用 TDMA 进行链路调度，普通传感器节点在固定的时隙向中心节点发送数据，水声信道采用7.3 节介绍的水声信道模型。

7.4.2 仿真建模过程

1. 进程域设计

（1）打开 OPNET 软件，选择 File→new→Process Model，创建新进程，如图 7-4 所示。

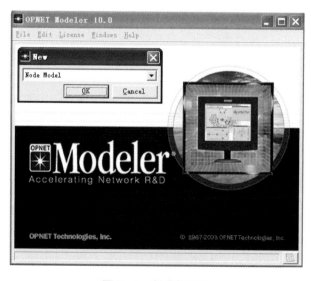

图 7-4 创建新进程

（2）进程状态设计。在进程设计模块创建状态转移,本实例创建了一个基于 TDMA 的状态转移,包括 5 个状态:init 状态、idle 状态、fr_rx 状态、tx 状态和 fr_src 状态,如图 7-5 所示。

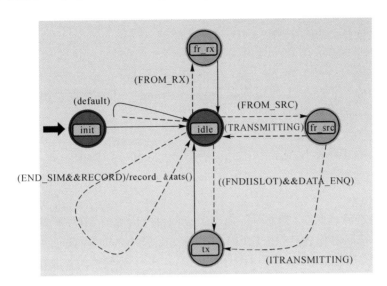

图 7-5　TDMA 模块进程设计

1）Init 状态:获取本模块的地址及本模块所属节点的地址,根据节点 TDMA 模块的属性设置各仿真参数;获取发送机、接收机的地址,与其进行绑定,设置水声信道参数;完成相关统计量的注册。

本模块地址:

my_id = op_id_self();

my_node_id = op_topo_parent(my_id);

发射机设置:

tx_objid = op_topo_assoc(my_objid,OPC_TOPO_ASSOC_OUT,OPC_OBJTYPE_RATX, 0);

op_ima_obj_attr_get(tx_objid, "channel", &chann_comp_attr_objid);

txch_objid = op_topo_child(chann_comp_attr_objid,OPC_OBJTYPE_RATXCH,0);

接收机设置:

rx_objid = op_topo_assoc(my_objid,OPC_TOPO_ASSOC_IN,OPC_OBJTYPE_RARX, 0);

op_ima_obj_attr_get(rx_objid, "channel", &chann_comp_attr_objid);

rxch_objid = op_topo_child(chann_comp_attr_objid,OPC_OBJTYPE_RARXCH,0);

获取仿真参数（时隙长度、节点地址）:

op_ima_sim_attr_get (OPC_IMA_DOUBLE, "Slot Length", &slot_length);

op_ima_obj_attr_get (my_id, "Address", &my_node_addr);

同时,分配节点时隙位置,设置网络时帧长度。

2）fr_src 状态:接收来自 Source 模块的数据包流,并对数据包特定域进行编辑,同时将数据包插入队列中。

接收数据包:

transmit_frame_ptr = op_pk_get(SRC_IN_STRM);

编辑数据包特定域:

op_pk_nfd_set(transmit_frame_ptr,"frame_type",0);

op_pk_nfd_set(transmit_frame_ptr,"src_addr",my_node_addr);

op_pk_nfd_set(transmit_frame_ptr,"dest_addr",−1);

该数据包由 Packet Format 模块创建,包括了 frame_type(数据包类型)、src_addr(源地址)、dest_addr(目的地址)等特定域。

数据包插入队尾:

op_subq_pk_insert(0, transmit_frame_ptr, OPC_QPOS_TAIL);

网络负载统计:

++subm_pkts;

3)tx 状态:进程发送状态,当前时隙属于节点的自身时隙时,节点开始发送数据包。

首先,计算当前时隙位置,其中 EPSILON 是一个极小的时间修正参数,current_time 为当前仿真时间,current_offset 为当前时隙位置,num_slots 为网络时帧长度。

current_time = op_sim_time();

used_slots =(int) floor ((current_time / slot_length) + EPSILON);

current_offset = used_slots % num_slots;

然后,判断节点是否能够发送数据。提取数据包长度,计算传输时延和时隙内剩余时间。

pk_len =(double) op_pk_total_size_get (op_subq_pk_access (0, OPC_QPOS_HEAD));

pk_time =(double) pk_len / tx_data_rate;

time_left_in_slot =((used_slots + 1) * slot_length) − current_time;

当前时隙属于自身时隙且时隙内剩余时间能够满足传输时延要求,当上述两个判断成立时,开始传递数据包至发送机,发送数据。

if(my_offset == current_offset && pk_time<=time_left_in_slot)

{ pkptr = op_subq_pk_remove(0, OPC_QPOS_HEAD);

op_pk_send(pkptr, TX_OUT_STRM);}

否则,计算下一个可以发送数据包时间,并产生中断。

else {next_offset = my_offset − current_offset;

if(next_offset <= 0)

{next_offset += num_slots;}

my_next_slot_time =(double) (used_slots + next_offset) * slot_length;

}

4)fr_rx 状态:数据包接收状态,接收来自接收机的数据包,同时将数据包传递至 SINK 模块做进一步处理。

接收数据包:

pkptr =op_pk_get(RX_IN_STRM);

提取数据包特定域:

op_pk_nfd_get(pkptr,"dest_addr",&rx_node_addr);

当该数据包目的地址为自己时,接收该数据包,进行相应统计并传递至 sink,否则销毁该数据包。

if(rx_node_addr==my_node_addr)

{　op_pk_send(pkptr, SINK_OUT_STRM);

++rcvd_pkts;接收数据包个数统计

e_delay = op_sim_time() − op_pk_creation_time_get (pkptr);

delay_stats=delay_stats+e_delay;平均时延统计

}

else

op_pk_destroy(pkptr);

5)idle 状态:空状态,无任何操作。

(3)状态转移关系:仿真开始后,TDMA 进程首先由 Init 状态进入 idle 状态,当满足当前中断为流中断,同时数据包来自 Source 模块时,进入 fr_src 状态;当发送机状态为空闲时,由 fr_src 状态转移至 tx 状态,当发送机忙时,回到 idle 状态,其中,发送机状态统计量为 1 表示发送机忙;当前队列非空,同时当前中断为自中断或者统计量发生变化时,由 idle 状态进入 tx 状态;当前中断为流中断同时收到来自 RX(接收机)模块的数据包时,进入 fr_rx 状态。

(4)标量统计:当仿真时间结束或者达到某条件(数据包总量)时仿真结束,进行网络吞吐量和平均时延统计。

(5)保存该进程,命名为 TDMA。

2. 节点域设计

节点域是网络域和进程域关联的中间层。节点域建模的方法是基于模块的,每个模块实现节点行为的某一方面,多个模块的集合构成功能完整的节点。每个模块都是内部事件驱动的,它们共同完成节点的数据产生、数据处理和数据输出的任务。

(1)打开 OPNET 软件,选择 File→new→Node Model,创建节点模型,如图 7-6 所示。

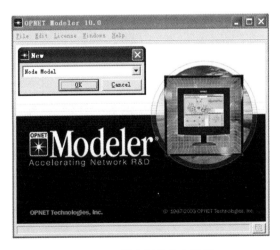

图 7-6　创建新的节点模型

图 7-7 所示为水声网络的节点模型,其包含的模块有 Source 模块、Sink 模块、TDMA 模块、RR 模块和 RT 模块。

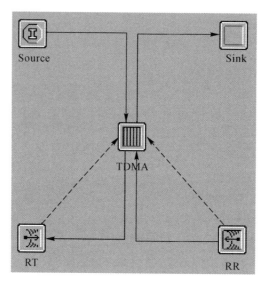

图 7-7 节点域模型

(2) TDMA 是一个队列模块,负责节点对信道的接入控制。TDMA 模块加载上面设计的TDMA 进程,如图 7-8 所示。

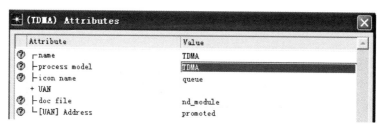

图 7-8 加载 TDMA 模块进程

(3)Source 模块模拟水声网络节点应用层的数据生成,加载 simple_source 进程模块,如图 7-9 所示;Sink 模块进行数据处理并销毁无用的数据,释放相应的内存空间,加载 OPNET内置 Sink 模块,如图 7-10 所示。

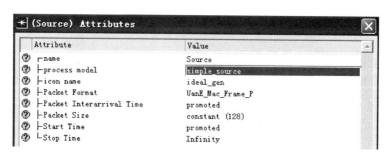

图 7-9 Source 模块属性

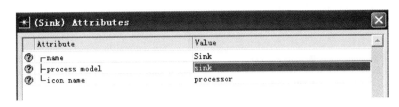

图 7-10 Sink 模块属性

（4）RT 模块为水声发信机，采用了无线发送模块；RR 模块为水声收信机，采用了无线接收模块，分别用以实现水声通信信道中数据包的发送与接收。

（5）模块间用数据包流线或统计线相连。数据包流线为实线，表示运行在实际网络中被传输和处理的数据包。统计线为虚线，传递的是单个值，主要是传递控制信息和监督信息，常用于通知目的模块某种特殊条件已经达到。仿真时，节点的每个模块都有一系列的本地输出统计值，通过统计线可以设置需要的统计值。

左侧统计线的属性设置如图 7-11 所示，传递"radio transmitter.busy"统计值，监督无线信道的空闲与繁忙状态，并采用下降和上升沿触发方式触发 TDMA 模块。

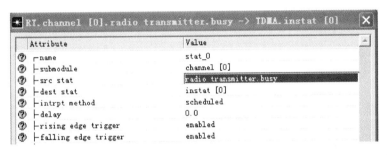

图 7-11 左侧统计线属性设置

右侧统计线的属性设置如图 7-12 所示，传递"radio receiver.received power"统计值，该统计值的获得是通过目的模块，即 TDMA 模块的处理过程调用核心库函数 op_stat_local_read()来实现的。

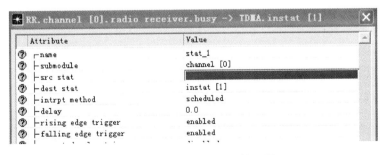

图 7-12 右侧统计线属性设置

（6）连接 TDMA 模块的数据包流线和统计线的数据接口，如图 7-13 所示，其中模块名称后所标注的 0 和 1 用于编程时指明数据的接口。例如 Source 模块通过接口 0 发送数据到 TDMA 模块时，在 Source 模块的编程中用到核心函数库中的数据包发送命令 op_pk_send （pkptr,0），pkptr 是待发送的数据包的指针，0 即将该数据包发送出去的该数据模块输出端口的宏定义。

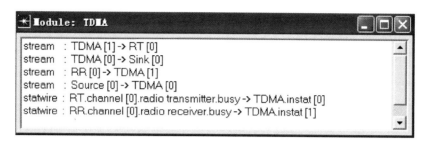

图 7-13　TDMA 模块的数据接口

（7）节点属性提升，Source 模块中 Packet Interarrival Time 和 Start Time 参数提升，如图 7-14，这里将 TDMA 模块 Address（节点地址）参数提升，如图 7-15 所示。

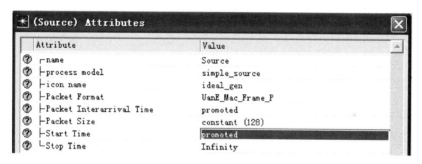

图 7-14　Packet Interarrival Time 和 Start Time 属性提升

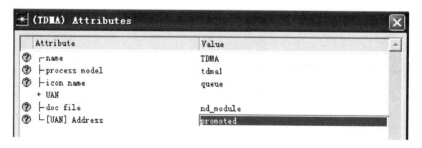

图 7-15　Address 属性提升

（8）保存该节点模型，命名为 TDMA_node。

3. 网络域设计

（1）打开 OPNET 软件，选择 File→new→Project，创建 Project 模型，如图 7-16 所示，其中网络模型界面如图 7-17 所示。

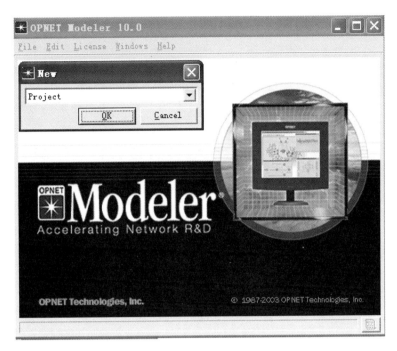

图 7 - 16　创建网络模型

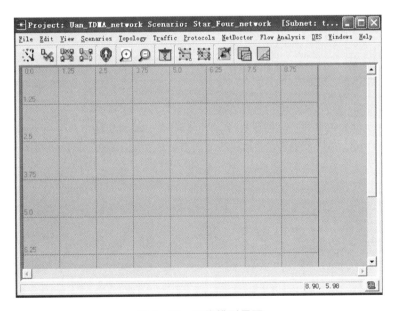

图 7 - 17　网络模型界面

（2）点击 Object Palette 图标，打开 Object Palette 界面，如图 7 - 18 所示；然后点击 Configure Palette 图标，打开 Configure Palette 界面，如图 7 - 19 所示。

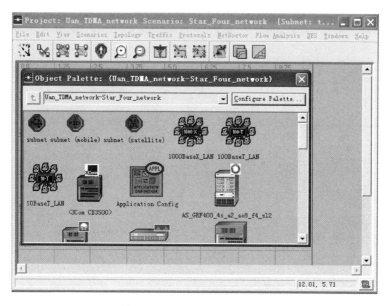

图 7 - 18　Object Palette 界面

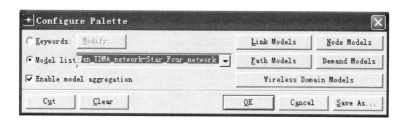

图 7 - 19　Configure Palette 界面

（3）点击 Node Models 图标，打开相应界面，选择之前创建的 TDMA_node，然后在 Object Palette 选择框中就出现了 TDMA_node 图标，如图 7 - 20 和图 7 - 21 所示。本小节创建了一个 4 节点中心式网络，网络拓扑如图 7 - 22 所示。

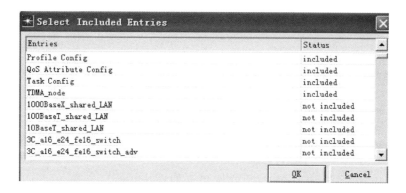

图 7 - 20　选择 TDMA_node 模型

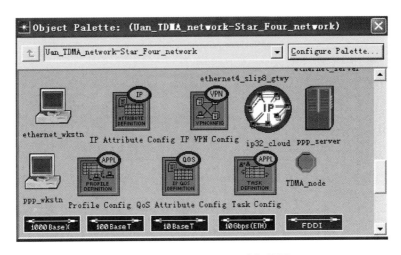

图 7 - 21 Object Palette 选择界面

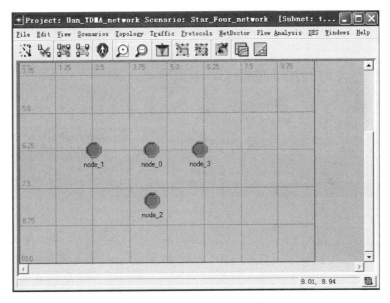

图 7 - 22 4 节点网络拓扑

7.4.3 参数设置与仿真结果

(1)设置节点地址和信源产生时间。节点 node_0,node_1,node_2 和 node_3 地址依次设置为 0~3。图 7 - 23 所示为节点 node_0 的地址设置。由于本例中节点 node_0 为汇聚节点,不产生数据包,只接收数据包,设置其 Source. Start Time 为 Infinity。其他节点的 Source. Start Time 设置为 0。

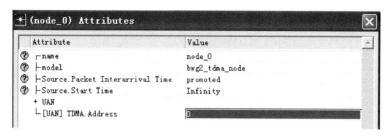

图 7 - 23　节点 node_0 参数设置

(2)仿真参数设置,时隙长度和信源产生间隔 Packet Interarrival Time 参数设置。

1)时隙长度设置。点击　，或者选择 NetDoctor→Configure,进入仿真界面。点击 Global Attributes,进入仿真全局属性设置界面,Slot Length 设为 2s,如图 7 - 24 所示。

2)信源产生间隔设置。在仿真界面中,点击 Object Attributes,进入如图 7 - 25 所示的界面。

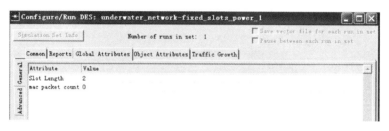

图 7 - 24　全局参数设置

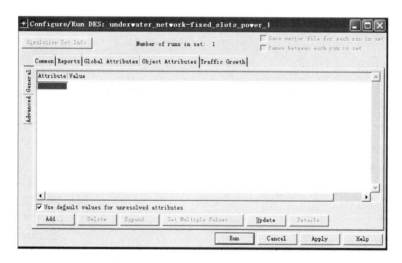

图 7 - 25　Object Attribute 设置界面

点击蓝色区域,进入如图 7 - 26 所示的界面,选择 Campus Network. * . Source Packet Interarrival Time。进入如图 7 - 27 所示的界面,点击蓝色区域,选择信源产生间隔概率分布类型,然后点击 Set Multiple Values,设置多个参数值,如图 7 - 28 所示。信源产生间隔参数设置最终结果如图 7 - 29 所示。

图 7 - 26　信源产生间隔参数选择界面

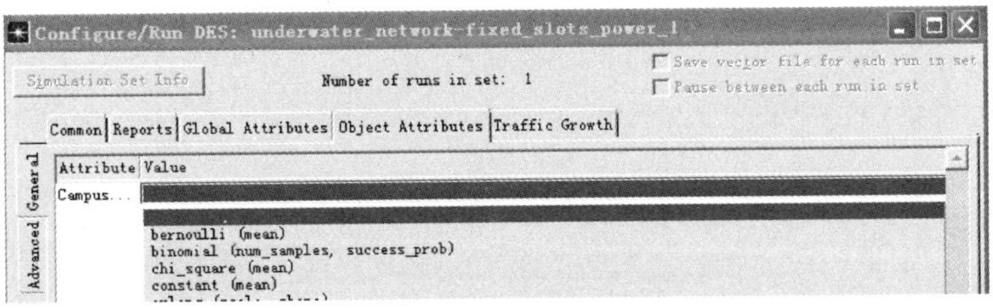

图 7 - 27　多参数设置界面一

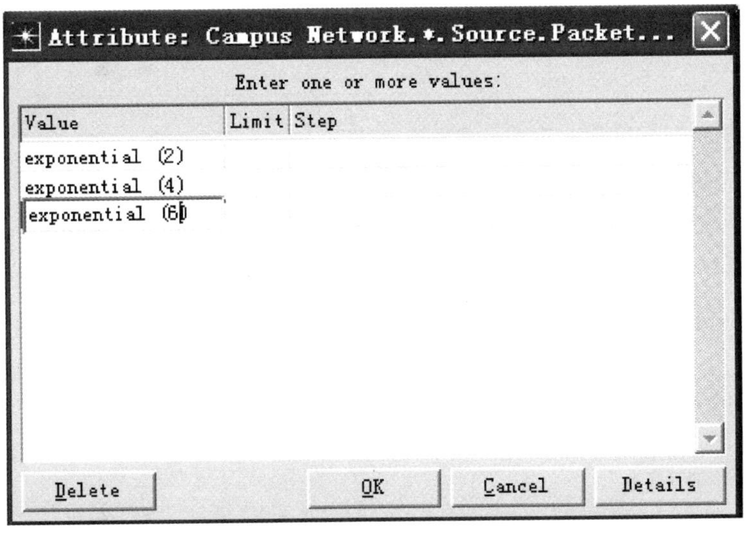

图 7 - 28　多参数设置界面二

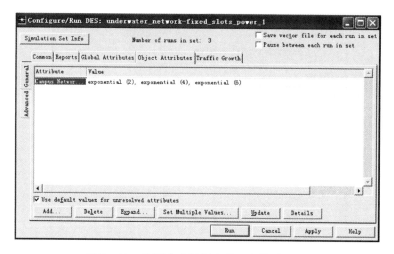

图 7 - 29　信源产生间隔参数设置最终结果

（3）设置标量统计量。在仿真界面中，点击 Advanced→File，在 Scalar_file 框中设置标量统计量名称，如图 7 - 30 所示。

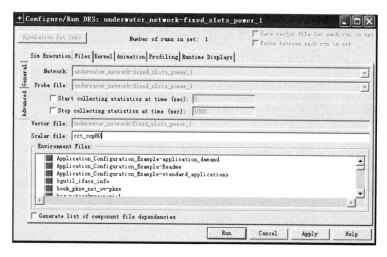

图 7 - 30　标量统计量文件名设置

（4）设置仿真时间，点击 run 开始仿真。

（5）查看仿真结果，选择 File→new→Analysis Configuration，进入仿真结果分析界面。然后，点击 File→Load Output Scalar file，加载之前设置的文件名。点击 ，查看仿真结果，如图 7 - 31 所示。

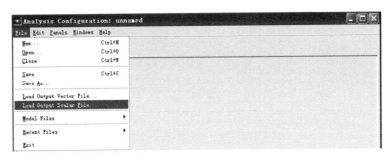

图 7 - 31 加载标量统计量

网络吞吐量结果如图 7 - 32 所示。横坐标为网络负载,单位为 packets/s(数据包/秒),代表单位时间内网络中产生的数据包量。纵坐标为吞吐量,单位为 packets/s,代表单位时间内网络能够成功接收的数据包量。从图 7 - 32 可以看出,随着网络负载的增加,网络吞吐量也不断增加,直到达到其最大的吞吐量。

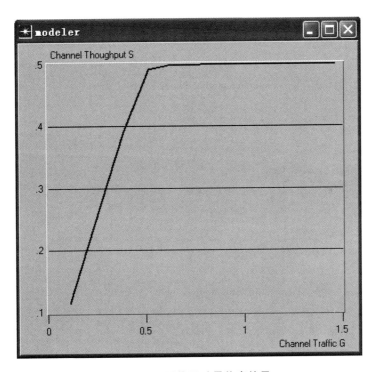

图 7 - 32 网络吞吐量仿真结果

平均时延仿真结果如图 7 - 33 所示。横坐标为网络负载,单位为 packets/s(数据包/秒),代表单位时间内网络中产生的数据包量。纵坐标为平均时延,单位为 s(秒),代表数据包从产生到到达目的节点的延迟时间。从图 7 - 33 可以看出,随着网络负载的增加,网络平均时延不断增加。当网络负载未达到网络最大吞吐量时,数据包在队列中的等待时间较短,很快能被发送出去。当网络负载达到吞吐量上限时,数据包在队列中等待发送时间不断增加,导致平均时延不断增加。

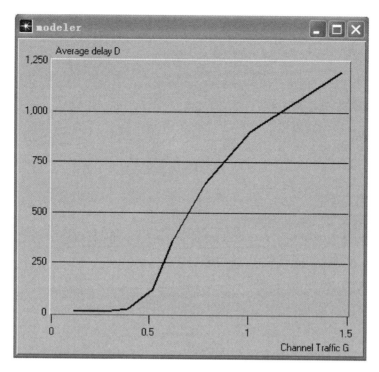

图 7 - 33 平均时延仿真结果

参考文献

[1] OPNET Technologies. OPNET Modeler. http://www. opnet. com,2017 - 06.

[2] USC. The Network Simulator - NS - 2. http://www. isi. edu/nsnam/ns/,2017 - 06.

[3] University of Padova. DESERT Underwater V2. 1. 0. http://nautilus. dei. unipd. it/desert－underwater,2017 - 06.

[4] Peng Xie,Zhong Zhou,Zheng Peng et al. Aqua－Sim:An NS - 2 based simulator for underwater sensor network[J]. OCEANS, MTS/IEEE Biloxi－Marine Technology for Our Future:Global and Local Challenges, 2009:1 - 7, 26 - 29.

[5] Bai W G,Wang H Y,Zhao R Q,Modeling underwater time－varying acoustic channel using OPNET [J]. Appl. Mech. Mater. ,2013:263 - 266,1178 - 1183.

第8章 水声信息网络的应用技术

8.1 水声信息网络的应用

在前面的章节中,我们分别介绍了水声信息网络的概念和结构、水声网络工作的环境特性,并对构成水声信息网络的各层技术进行了介绍。在本章中,我们将对水声信息网络的应用技术、尤其是近10年的新技术、新进展进行简要的介绍。一般而言,海洋信息网络主要用于海洋监测、探测和海洋观测,8.1节分别对水声信息网络的这两种应用情况及最新的技术发展进行了阐述。8.2节内容则重点介绍了几种水声信息网络应用的关键技术,包括网络数据融合、水声网络节点定位和水声网络的最优布放三大部分,并且分别给出了具体领域的一些基本概念和应用方法,以加深读者对水声信息网络的应用技术及工作方式的理解。

8.1.1 海洋探测与监测

探测一般指探查某物体、射线、化学物质成分以及物体产生的信号等是否存在,或者探查其所在的状态。监测可以理解为持续不断的监视、测定、监控等。监测一般是指对目标环境中某物理量或化学成分在一定的监测时间段内进行连续的探查与测定,并基于测定值进行相应的处理和计算的活动。为此,海洋探测与监测是指通过对海洋环境中感兴趣的各种物理量(如温度、盐度、声信号、压力、磁场等)或某些化学成分的测定与处理,确定目标的存在性和一段时间内完成对目标的连续监视与测定。无论在水下搜索、打捞等民用方面,还是在寻找、识别水下目标的军事应用方面,海洋探测与监测都在其中起着至关重要的作用。

随着科技的不断发展,出于科学研究或军事的目的,人们对于水下信息采集、深海环境监测的要求不断提高。自古以来,人类对海洋的认识都是在历次航海过程中断断续续地取得,这导致了人类对海洋环境了解的局限性和片面性。而传感器网络技术的发展与应用,使得研究者对于海洋信息的采集不再局限于片面的、间断的航行数据之中。随着科技的发展和人类文明的进步,开展海洋探测与监测已成为人类探索海洋、利用海洋的必要手段。

早在20世纪50年代,美国海军便提出建立声监测系统(The Sound Surveillance System,SOSUS)的构想。1949年起,美国海军每年投入1000万美元支持SOSUS系统的建设。该项目的目标是沿着海床、海底岩石和大陆架全面铺设声学传感器阵列并相互连接,构成完整的水下监测体系。1950年,美国海军出资支持了麻省理工学院(Massachu-setts Institute of Technology,MIT)的哈特威尔计划(Project Hartwell),正式开始了对水下反潜信息网络的研究。发展至今,SOSUS系统已经成为最为著名的固定式水声探测网络系统。起初,SOSUS主要安置在美国东海岸外缘的大陆架上,随后向全球扩散。历经几十年发展,SOSUS日臻完善,其核心是数以千计的水下监听器,逐个安置在海底传达声音效果最佳的位置,然后用电缆把它们串连起来。任何地方发出的声波,只要进入这个阵列系统的范围,都会被水下监听装置察觉。根据不同监听器报警的先后顺序,即可判断声源方位;通过测量阵列系统内的声线分布,或在相隔一段距离的阵列间进行三角测量,则可进一步计算出阵列系统和声源间的大致距离。美国麻省理工学院对 SOSUS 的研究报告指出,只要环境条件良好,即使相隔距离达到 15 000 km,该系统也有能力发现噪声较大的水下目标,平均误差约 15 km;如果把探测距离缩短至几千千米,则绝大多数水下航行器都可被探知,可谓对海洋状况一览无余。

耗资 3 000 余万美元的高级可部署系统(Advanced Deployable System,ADS)是一种可迅速展开的、短期使用的、大面积的水下监视系统,与 SOSUS 系统类似,ADS 系统被用于探测、定位并报告游弋在浅水近岸环境中的水下航行器和跟踪水面舰船。ADS 系统由水下组件和分析处理组件两部分构成。水下组件是指使用一次性电池供电的、大面积布放的传感器组成的水下被动监听阵;分析处理组件则被安装在标准化、模块化的机动车辆内,并通过电缆与水下组件相连。ADS 系统现处在工程设计研制阶段,现有的水下监视系统软件将成为 ADS 岸基信号处理的核心。ADS 项目强调应用现成的民用技术以提高效费比,参与研制的单位有洛克希德 · 马丁联合系统公司、雷声系统公司、数字系统资源有限公司和 ORINCON 公司等。

著名的"海网"(Seaweb)项目 1996 年启动,它是目前规模最大的在研实用水声网络,是美国实验性远程声纳和海洋网络计划的重要组成部分。在 Seaweb 系统中,节点利用声音调制解调器进行通信,可以将布设在海中的传感器联网,通过水声无线浮标从水面、岸上或空中遥控遥测,具有水下测距、定位和导航功能,因此,目前 Seaweb 已具有很强的自组功能(见图 8-1),可以自动进行节点识别、时钟同步(0.1~1.0 s 量级)、节点位置定位(100 m 量级)、适应环境的发射功率控制、节点更新和失效后的网络重新配置等,并支持使用水下移动节点进行扩展。Seaweb 可以在浅海恶劣条件下利用水声网络在广阔水域进行高质量数据传输,最高可以支持两千字节长度的数据包和 2 400 b/s 的通信速率,但为了改善传输性能以及保证电池续航时间,在实际使用中采用了 350 字节长度的数据包和 800b/s 的传输速率。Seaweb 系统的常用带宽为 9~14kHz,此外,它还使用了 16~21kHz 和 25~39kHz 两个频带。系统节点间的最大点对点通信距离为 10 km,节点部署深度小于 1 000 m。

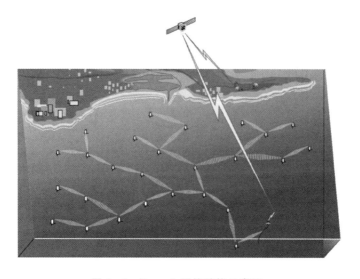

图 8-1 Seaweb 网络结构示意图

从 1996 年 Seaweb 项目启动至今，Seaweb 网络一直处于技术研究、原型网络更新和周期性海试的更新换代流程中，迄今为止已经经历了多次进化[1]。在 Seaweb 计划的早期阶段使用的是第一代水声调制解调器 ATM850，系统使用时分多址方式通信，网络效率很低，网络中只有 4 个节点。Seaweb'98 采用了 FDMA 方式进行通信，在海试中远程节点的数据包进过 4 次水声中继和 1 次无线通信中继后可靠地到达了岸边的控制中心，成功验证了采用分布式节点组网的可行性。而后的 Seaweb'99 将节点数目增加到了 15 个，并实现了对节点的测距、定位和对网络的配置与动态控制。此外，研究人员还发现，使用 FDMA 方式虽然能有效地在网络中实现多址访问，但是其带宽利用率却不尽如人意，于是在 Seaweb'2000 的试验中采用了 CDMA 和 TDMA，将网络节点数目增加到了 17 个。此后，从 2001 年起，包括无人水下航行器（Unmanned Underwater Vehicle，UUV）的设备正式作为移动节点加入 Seaweb 网络。在东墨西哥湾进行的 Seaweb'2003 试验中，使用了 3 个 UUV、2 个网关浮标和 6 个分节点（见图 8-2），测试了用于追踪和引导水下移动节点的水下测距功能。在一年后的 Seaweb'2004 试验中，Seaweb 网络的节点数目增加到了 40 个（见图 8-3），试验验证了分布式网络拓扑结构的特性，测试了动态路由协议。在蒙特利尔湾及圣安德卢湾进行的 Seaweb'2005 试验则主要针对 UUV 进行，试验采用了 6 个呈五边形分布、固定于海床上的通信节点，用于进行 UUV 的导航试验，试验网络如图 8-4 所示。

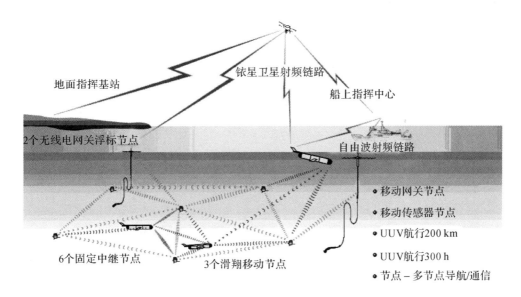

图 8-2　Seaweb'2003 网络示意图

2005 年，美国又投资 2 770 万美元，开发出了近海水下持续监测网络系统（Persistent Littoral Undersea Surveillance Network，PLUSNet）。与 Seaweb 系统有所不同，PLUSNet 更加注重移动节点在水下监测网络中的作用。而 Seaweb 系统则更多地关注于水下固定部署节点实际组网的可靠性，以及验证长时间部署通信的可能性。虽然 Seaweb 节点的通信距离可达几千米，但其监测的区域范围还是有限的。Seaweb 的另外一个缺陷在于固定网络的灵活性不够，节点越远，对闯入监测的效果越差。且尽管水下节点损坏以后，可以由自主无人航行器自动部署代替，但毕竟没有移动网络所具有的移动监测功能。PLUSNet 系统是一种半自主控制的海底固定加水中机动网络化设施,由携带半自主传感器的多个潜航器组成。该系统中的部分传感器被固定在海底,其余的潜航器则为移动传感器,这些传感器之间保持互相连通,并在没有人为指令的情况下做出基本决策,从而履行多种功能,包括对温度、水流、盐度、化学成分及其他海洋元素进行取样,密切监视并预测海洋环境。其目的是通过网络化协同工作,对水下目标进行探测、分类、定位和跟踪,可在大约 10 000 km² 的区域内提供监测能力。

图 8 - 3　Seaweb'2004 网络实验节点布放

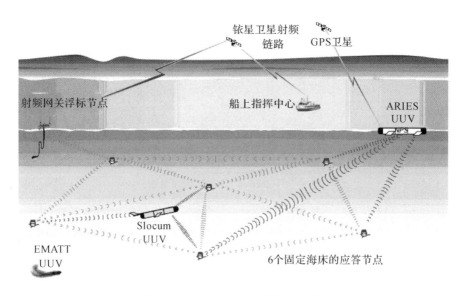

图 8 - 4　Seaweb'2005 网络示意图

除了以上所述的各海洋探测与监测网络项目之外,还有很多在建的和已建成的海洋探监测网络,这也从侧面证实了研究适用于海洋探测与监测的水声信息网络技术的重要性和紧迫性。

8.1.2　海洋观测

观测一般是指对某种事物或自然现象进行细致的观察和测定。对海洋环境中如压力、温度等各种参数以及海洋生物活动信息进行持续性采集观察的过程称为海洋观测。一般而言,对海洋观测的方法有直接观测与间接观测两种。直接观测,就是把观测设备直接放在被观测的对象旁边对其进行在线实时地观测。间接观测,则是主要通过采集海水、微生物、矿物等来进行实验分析,对其物理量和化学量进行测量,其实现方式有拖网、抓斗、热流计、大洋钻探等。随着技术的不断发展,人类持续深入地观测海底的新时期正在来临。部分先进国家已经开始了建设海底观测系统的尝试,以实现对海洋的实时和连续的观测。海底观测平台的搭建将打开对于迄今为止人类所知甚少的深海区域的大门,给地球科学带来一次新的革命。

海洋观测科学的发展,是跟人类对于地球系统科学研究的需求,尤其是跟人类对气候预测、灾害预警等技术的研究密切相关的。20 世纪 80 年代末兴起的对全球气候环境变化研究的热潮,首先展现出了长期性、持续性的海洋观测对于全球气候环境研究的重要性,自此学术界的注意力开始投射于此。1991 年,欧盟尝试研究与设计了所谓的深海海底实验室(Abyssal Benthic Laboratory,ABEL),以用于对 6 000m 深度之内的海底进行数月到一年的连续观测。与此同时,作为世界科技强国的美国也不甘落后,在 20 世纪 90 年代的美国国家科学委员会(National Research Council,NRC)发布的多个报告中,反复强调要使用海底观测技术和长期观测系统来弥补传统调查研究海洋环境的方法的不足。1998 年,由美国国家科学基金会(National Science Foundation,NSF)海洋科学部派出的研究和预测"今后十年海洋科学新发现和新认识中最重要的和最有希望的机遇"的所谓"十年小组"的报告《新千年的海洋科学》认为,"海洋缺乏广泛分布以及相对连续的长序列观测,这也可能是我们研究、理解海洋和全球气候的长期趋势和周期变化的最主要的障碍之一,同时也是我们研究、理解地震、火山爆发和海底滑坡等突发事件的最主要障碍之一","因此,对长期观测系统的建设、投放和维护,将给予最有力的支持"。于是在 2003 年,美国国家科学委员会和科学基金会组织了大量研讨活动,提出了建设海底观测站的具体计划。在 2006 年末,美国科学技术理事会的海洋科技联合分会公开了今后 10 年美国海洋科学的优先研究领域,其三大重点:预测海洋过程研究、基于生态系统的海洋管理研究和海洋观测技术研究实际上均围绕海洋观测展开。由此可见,研究与建设海洋观测网络系统已经成为美国的国策之一。除此之外,在欧洲和日本,对海底观测的研究也迅速发展。无论是对海洋观测网络的搭建实验,还是大量国际研讨会的召开,均表明海洋观测系统研究已经成为了国际海洋科技界的一大新兴领域。

20 世纪末以来,各国陆续设立了多个海洋观测网络,以海洋观测网络为平台的科学技术和国防安全的竞争日益激烈。1998 年,美国华盛顿大学的约翰德莱尼和美国著名的伍兹霍尔海洋研究所的科学家们首次提出"海王星"东北太平洋海底观测网络计划。1999 年 6 月,加拿大的科研机构亦加入其中,海洋观测网络系统开始正式规划实施。而在计划的初步阶段,为了进行原型实验与技术积累,美国和加拿大分别建立了小型实验观测网络系统——蒙特利尔增强研究系统(Monterey Accelerated Research System MARS,见图 8 - 5)和维多利亚海洋网络实验系统(Victoria Experiment Network Under the Sea VENUS,见图 8-6)。

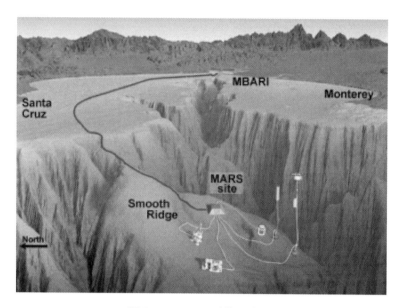

图 8-5 MARS 系统示意图

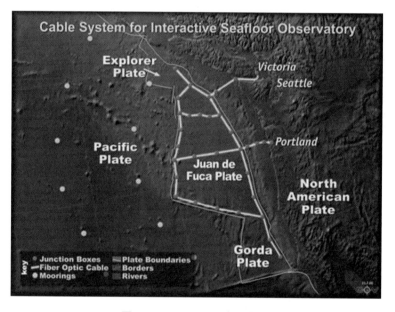

图 8-6 VENUS 系统示意图

2004 年,欧洲 14 个国家共同提出了欧洲海底观测网计划(The European Sea Floor Observatory Network,ESONET),在大西洋和地中海地区筛选 10 个海区建站设网,针对从北冰洋到黑海多个不同海域的科学问题,承担一系列科研项目并进行长期的海洋观测(见图8-7)。因此实际上,ESONET 系统是由不同地域间的网络系统共同组成的联合网络。据计划,该项目将不断发展,最终在 20 年内具备观测整个欧洲周边海域的强大能力。

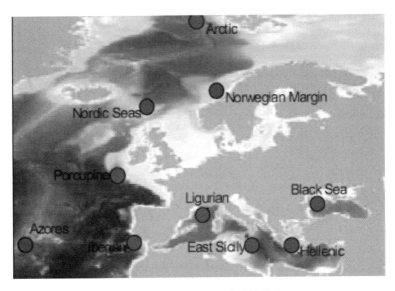

图 8 - 7　ESONET 系统网络分布

　　2009 年,美国通过了海洋观测行动计划(Ocean Observatories Initiative,OOI)[2],旨在建立一个全球范围的浮标系统,在近海区域、公海区域以及深海区域观测气候和生态系统的变化与活动(见图 8 - 8)。OOI 系统与 2011 年开始布放海底光电复合光缆,计划于 2015 年完成整个网络的建设。OOI 技术充分应用了通信、互联网、小型化、高清成像、机器人等技术领域的最新发展成果,系统分为三级:海岸观测系统、区域观测系统和全球观测系统。

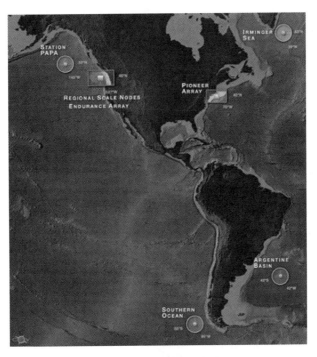

图 8 - 8　OOI 系统浮标分布图

除此之外,2005 年美国投入 390 万美元启动的民用水声观测系统——海洋观测信息综合网络项目——由华盛顿大学和加利福尼亚大学圣迭戈分校承担,该系统通过海底传感器网络的数据传输与控制以及地面网络连接,对美国、加拿大、墨西哥海岸进行海洋观测,同时该系统也用于进行无线与光通信实验与网络技术研究。除此之外,美国国家海洋与大气局(National Oceanic and Atmospheric Administration,NOAA)西北鱼类科学中心于 2003 年应用于鱼类实时观测的传感器网络项目和日本的先进实时地球监测网络计划(Advanced Real - time Earth Monitoring Network in the Area,ARENA)等项目,其目的都是通过水声观测传感器网络来实现海洋多学科、多要素的综合研究。

8.2 水声信息网络的应用新技术

8.2.1 基于水声网络的数据融合技术

数据融合技术是在 20 世纪七八十年代形成和发展起来的一种自动化信息综合处理技术,它充分利用多源数据的互补性和电子计算机的高速运算能力来提高结论信息的质量。数据融合技术,即利用计算机技术队按时序获取的来自若干传感器的数据,在一定准则下加以自动联合、分析、综合,为完成决策和估计任务而进行的信息处理过程。简而言之,数据融合技术即为对来自多个传感器源的信息进行综合处理,从而得到更为准确、可靠的结论的技术,是多源信息协调技术的总称。从数据融合技术的应用角度来说,数据融合技术是数学、军事科学、计算机科学、自动控制理论、人工智能、通信技术、管理科学等多种学科的交叉和具体应用。

数据融合的硬件基础是多传感器系统。近 20 年里,由于传感器技术获得了迅猛的发展,各种面向复杂应用背景的多传感器信息系统也随之大量涌现,信息融合技术便在 20 世纪 70 年代末应运而生。美国国防部早在 1984 年就成立了数据融合专家组,指导、组织并协调有关这一重要关键技术的系统性能研究[3],从而在 80 年代中期,数据融合技术首先在军事领域的研究中取得了相当的进展,已应用于包括海上监视、空-空和地-空防御等的军事应用中;而在民用方面,数据融合的应用则包括遥感技术、医疗诊断、机器人技术及智能检测系统等。与此同时,由于在网络中存在多个传感器节点,数据融合技术也日渐成为了水声信息网络领域中的重要技术。由于信息融合系统具有良好的性能稳健性、宽阔的时空覆盖区域、很高的测量维数、良好的目标空间分辨力及较强的故障容错与系统重构能力等特点及其潜在的巨大应用价值,数据融合技术在各个领域得到了蓬勃的发展。目前数据融合技术应用较成功的领域主要包括机器人和智能仪器系统、战场任务与无人驾驶飞机、图像分析与理解、目标检测与跟踪、自动目标识别、多源图像复合等。

数据融合的本质是一个由低层到高层对多源信息进行融合、逐层抽象的处理过程。一般的数据融合系统是由硬件和软件两部分配合完成的,其中软件占主导地位。在软件融合方法中,按照被融合数据或信息的加工深度,根据融合的层次不同,常用的数据融合可以分为数据级数据融合、特征级数据融合和决策级数据融合 3 种。

数据级数据融合是在采集到的原始数据层次上进行的,即在各种传感器的原始测报未经预处理前就进行数据的融合。这一层次的融合常用于多源图像复合,所以又可称为像素级的融合。像素融合的优点是它尽可能多地保存环境信息,缺点是需处理的信息量很大,时间较长,实时性差。它对于数据传输带宽、数据之间的配准精度要求很高,除非特殊需要,一般不使用像素直接融合的方法。

特征级融合是指利用传感器获得的原始数据中提取的充分表示量或充分统计量作为其特征信息,然后对它们进行分类、聚集和综合。其优点在于实现了信息压缩,有利于实时处理。特征级数据融合是目前发展比较完善的技术,可以保证融合信息的一致性。但由于多传感器目标跟踪和模式识别本身的难度,尚需进行专门的研究。

决策级数据融合是指对反映环境或事件各个侧面的不同类型的局部决策信息进行全局优化的综合处理。也就是说,当使用不同类型的传感器观测同一目标时,先让每一个传感器在本地完成预处理、特征抽取、识别或判断,得到对所观测目标的初步结论后,再根据一定的准则来进行关联处理、综合判决,最终获得联合推断结果。当使用多个分布在不同位置上的传感器对运动目标进行观测时,各传感器在不同时间和不同空间的观测值将有所不同。为了得出对目标运动状态的综合估计,这里存在时间融合和空间融合问题。时间融合是指按时间先后对目标在不同时间的观测值进行融合,主要用于单传感器的数据融合。空间融合是指对同一时刻的不同位置传感器的观测值进行融合,适用于多传感器的一次融合处理。时间/空间融合则是先对每个传感器的观测值进行时间融合,得出每个传感器对目标状态的估计,然后将各个传感器的估计进行空间融合,从而得到目标状态的最终估计。空间/时间融合指的是先在同一时间对各个传感器的观测值进行融合,得出各个不同时间的目标位置估计,然后进行时间融合,得出最终状态。时间/空间融合即融合同时进行。这种方法效果很好,不损失信息,但难度最大,适合于大型数据融合系统。

迄今为止,研究人员已经提出了许多种数据融合的方法,这些方法大体上可分成四大类:估计方法、分类方法、推理方法以及人工智能方法。估计方法主要基于 Kalman 滤波,包括标准 Kalman 滤波、扩展 Kalman 滤波以及模糊 Kalman 滤波等;分类方法包括聚类分析法、自组织学习算法等;推理方法主要包括 Bayesia II 推理法和 Dempster Shafer 证据理论法;人工智能是一个很广的概念,包括模式识别、图像处理、自然语言等很多技术,而用来数据融合的主要技术包括模糊逻辑和神经网络。下面简要介绍几种数据融合的常用算法[4]。

(1)统计模式识别法。它把多传感器信息融合看作一种统计模式识别问题,为目标分类提供互补信息,从而减少了误差。为此,必须对目标特征的提取和选择进行改进,减少目标特征数目,避免当传感器数目增多时,系统复杂性呈指数增长。

(2)贝叶斯估计法。它把每个传感器看作一个贝叶斯估计器,负责提取目标的某一特性,而把整个传感器系统看作一组决策器。使用多个传感器系统模型,把被探测环境表示成某种不确定的几何目标的集合,然后去掉几何目标近似高斯分布的某段外围部分,其联合分布的似然函数就是最终合成的多传感器信息。

(3)模糊逻辑法。它可以把信息融合中的不确定性用推理过程直接表示出来,其置信度用 $0.1 \sim 1.0$ 之间的数值表示,可用于多传感器场景分析和目标识别。

(4)产生式规则法。它表示目标特征与相应传感器信息之间的关系,并用一个相关的置信因子表示其不确定性。由于每一规则的置信因子和系统的其他规则相互独立,当外部条件改变时,系统难以做出相应的改变。

(5)神经网络法。神经网络法用于模式识别和语音理解的研究领域,通过许多互相紧密连接的简单计算单元组成网络而实现其功能。神经网络法由于固有的并行结构和学习方式,提供了一种不同于传统的统计识别的方法。目前该方法越来越多地应用于信息融合技术。

数据融合技术是针对多传感器信息综合与决策的技术,因此在水声信息网络之中也得以应用,而且由于水下环境具有特殊性和复杂性,使得数据融合技术在水下传感器网络中显得尤为重要。按照在水声领域数据融合技术的具体应用,可以将水下数据融合技术分为3类:水下目标探测中的数据融合技术、水下目标识别中的数据融合技术以及水下目标跟踪中的数据融合技术。

此外,也有不同于上述多方位融合的方法,如 Duarte 等人提出的基于距离的决策级融合,该方法以传感器与动目标的距离为参数,来决定每个传感器的可信度,即距离目标较远的传感器正确识别目标的概率较小。不过,数据融合技术刚刚应用于水下目标的识别问题,研究亦尚处于起步阶段。

8.2.2　水声网络节点自定位技术

水声网络节点自定位技术,顾名思义,即水声网络之中的节点利用 GPS 全球定位系统、水面浮标或者自主水下航行器/无人水下航行器获取自身位置信息的技术。对于水声网络节点而言,由于水流的运动作用等原因,其位置并非固定不动,而对于多数情况而言,在水下网络节点采集到数据之后,必须同时获取节点的位置信息,才能对节点收集到的数据进行处理和使用。因此,水下网络节点自定位技术在水下传感器网络的应用中具有重要意义。

近些年来,随着面向水下传感器网络研究的深入,多种水下传感器网络定位方案相继被提出。然而,与已经发展较为成熟的地面无线传感器网络节点定位方法相比,对面向水下声学传感器网络节点的定位方案的研究还处于起步与发展阶段。由于水下环境的特殊性,水下节点难以获得 GPS 定位信号,人们无法直接将一些发展较为成熟的无线传感器网络(Wireless Sensor Nerworks,WSN)节点定位方案直接运用于水下传感器网络之中。因此,针对水下环境的特殊性,研究人员提出了多种新方法,以得到较理想的水下节点位置数据。总体来说,使用不同的分类方法,可以将目前的定位方案分为基于测距定位与无需测距定位的技术、集中式定位与分布式定位的技术,基于估计定位与基于预测定位的技术等。

1. 基于测距定位与无需测距定位的技术

顾名思义,基于测距定位的技术指在定位过程中需要获知距离或角度信息的定位技术。基于测距的定位技术使用的定位算法比较相似,大多使用最小二乘法或最大似然估计法来计算坐标信息并减小误差。实际上,基于测距定位的技术又可分为单向测距与双向测距两种。无需测距定位的技术使用的方法则趋于多样化,其共同的特点是算法较为简单、通信开销低廉且定位效果良好。

2. 集中式定位与分布式定位的技术

集中式定位技术是指在节点收集信息后,将信息统一发送到同一中心站进行处理的技术。分布式定位技术是指节点在收集信息后,在各个节点处自行处理并进行定位的技术。

3. 基于估计定位与基于预测定位的技术

基于估计定位的技术指根据获得的距离、角度等信息估计节点当前或之前所处位置的技术。基于预测定位的技术使用某种算法或利用先行物体坐标轨迹来预测节点未来位置的技术。

目前水声网络中的定位算法及其分类如表 8-1 所示。

表 8-1　水声网络中的定位算法及其分类

		技　术	架　构	锚特性	测距特性	通信特性
集中式	估计	MASL	3D 移动	无锚	ToA（单向）	动态
		HL	2D 固定	固定锚	TDoA	动态
		ALS	2D 固定	多功率级锚	无测距	动态
		3D-MALS	3D 移动	移动锚（电机驱动）	ToA（单向）	动态
	预测	CL	3D 移动	无锚	ToA（单向）	动态
分布式	估计	AAL	3D 移动	推进式移动锚（AUV）	ToA（双向）	静态
		LDB	3D 混合	推进式移动锚（AUV）	无测距	静态
		DNRL	3D 移动	非驱动式移动锚	ToA（单向）	静态
		MSL	3D 移动	非驱动式移动锚及参考节点	ToA（单向）	动态
		LSHL	3D 固定	表面浮标、水下锚节点、移动节点	ToA（单向）	动态
		DETL	3D 移动	DETs 表面浮标、水下节点、参考节点	ToA（单向）	动态
		3DUL	3D 混合	锚节点、参考节点	ToA（双向）	动态
		AFL	3D 固定	无锚节点（使用一初始种子节点）	不固定	动态
		UPS	3D 固定	4 个固定锚节点	TDoA	静态
	预测	WPS	3D 固定	4 个或 5 个锚节点	TDoA	静态
		LSLS	3D 固定	固定锚节点	TDoA	动态
		USP	3D 固定	固定锚节点	不固定	动态
		SLMP	3D 移动	表面浮标、水下锚和参考节点	ToA（单向）	动态

4. 水声网络节点自定位关键技术原理简介

在无线传感器网络中，距离对于节点自定位而言是一个十分重要的信息。由表 8-1 可以看出，大部分目前较为先进的水声网络节点自定位方法均采用了距离信息。下面就来介绍一些常见的节点间距离测量方法，主要包括到达时间法（Time of Arrival，ToA）、到达时间差法（Time Difference of Arrival，TDoA）以及到达角度法（Angle of Arrival，AoA）等。

（1）ToA 法。ToA 和 TDoA 测距技术都是通过信号的传播时间和信号的速度两个参数来计算距离的算法，其不同之处在于 ToA 方法使用绝对时间，而 TDoA 方法使用的是不同节点发送信号到达待定位节点的时间差来进行测距。

ToA 法分为单向 ToA 法和双向 ToA 法两种。单向 ToA 法要求锚节点和待测节点时间同步,这样首先由锚节点发送信号,待测节点接收到信号后使用信号发送时间与接收时间差来计算距离,即

$$L = c(t_r - t_s) \tag{8-1}$$

其中,c 为声速,t_r 为信号接收时刻,t_s 为信号发送时刻。

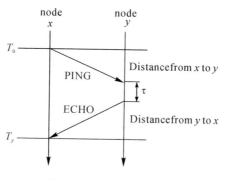

图 8 - 9 双向 ToA 示意图

相比于单向 ToA 法而言,双向 ToA 法不需要节点间的时间同步。如图 8 - 9 所示,T_0 时刻,节点 x 发送 PING 信号,待测节点 y 接收到该信号并等待 τ 时间后发送反馈信号 ECHO 给节点 x,则距离 L 为

$$L = \frac{c(T_y - T_0 - \tau)}{2} \tag{8-2}$$

然而,虽然双向 ToA 法不需要节点具有同步性,却会产生较大时延。

(2)TDoA 法。另一种使用到达时间来计算距离信息的方法是 TDoA 法,如图 8 - 10 所示。若已知节点 A,B 到节点 O 信号时间差为 t_{AB},节点 B,C 到节点 O 信号时间差为 t_{BC},节点 A,C 到节点 O 信号时间差为 t_{AC},则距离可由式(8 - 3)求解得到。

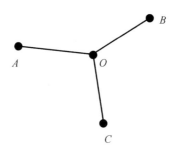

图 8 - 10 TDoA 节点举例

$$\left.\begin{array}{l} d_{AO} - d_{BO} = c\,t_{AB} \\ d_{AO} - d_{CO} = c\,t_{AC} \\ d_{BO} - d_{CO} = c\,t_{BC} \end{array}\right\} \tag{8-3}$$

TDoA 算法是对 ToA 算法的改进,该算法不是直接利用信号到达时间,而是用接收到多个基站信号的时间差来确定移动台位置,与 ToA 算法相比,TDoA 方法不需要加入专门的时

间戳,定位精度也有所提高。

(3)AoA 法。到达角度测距(AoA)法即三角测量法。该算法使用待测节点通过接收器天线或天线阵列测得的锚节点发送信号的入射角来构造从待测节点到锚节点的径向方位线,并构造分别过相邻两锚节点与未知节点的圆系,计算圆系中每个圆的圆心与半径。

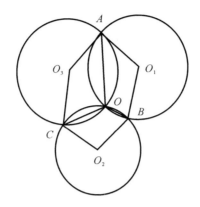

图 8 - 11　角度测量法

以较简单的二维三锚节点情况来举例,节点分布情况如图 8 - 11 所示。其中,A,B,C 为 3 个已知位置的节点(锚节点或参考节点),O 为待定位节点。A,B,C 节点坐标分别为(x_a,y_a,z_a)、(x_b,y_b,z_b)、(x_c,y_c,z_c)。节点 O 处所测得与 3 个锚节点的角度分别为$\angle AOC,\angle BOC$ 和 $\angle AOB$。当 3 个角度之和为 2π 时,未知节点则处于 3 个锚节点所连成的三角形之内,这时可以构造分别过 AOB,AOC,BOC 点的 3 个圆。每个圆的圆心 O_1,O_2,O_3 和半径 r_1,r_2,r_3 均可以使用方程组求解,这里只给出圆 O_1 的求解方程组(8 - 4),其他圆的解析方程与之类似:

$$\left.\begin{array}{l}\sqrt{(x_{O_1}-x_a)^2+(y_{O_1}-y_a)^2}=r_1\\\sqrt{(x_{O_1}-x_b)^2+(y_{O_1}-y_b)^2}=r_1\\(x_a-x_c)2+(y_a-y_c)2=2r_1^2-2r_1^2\cos\alpha\end{array}\right\} \tag{8-4}$$

其中,$\alpha=\angle AO_1C=2\pi-2\angle AOC$。可以看出,AoA 法并没有直接测量节点间距离,而是利用几何学方法构造新的虚拟图形并求解其中参数,这些参数则会在估计坐标时被使用。

在 WSN 中,角度测量(AoA)法也是一种使用较广泛的测距与坐标估计方法。然而在水声网络中,由于受到水下定向天线的成本与设备体积的限制,较少使用 AoA 定位的技术。

5. 水声网络节点自定位坐标计算简介

基于测距信息的算法均需要使用测距信息或者角度信息。在已知锚节点位置信息与锚节点和未知节点之间距离或角度信息后,节点便可以开始进行定位。又由于水下节点网络条件所限,实际应用中不经常使用角度信息进行定位,下面介绍两种已知节点测距信息后,节点进行自定位坐标计算的方法。

(1)三边测量法。与 GPS 定位的基本原理类似,在三维空间中已知一个点到 4 个锚节点的距离,就可以确定该点的坐标。只不过在 WSN 中,坐标系大多是二维空间,因此,只要已知一个节点到 3 个锚节点的距离就可以确定节点的位置。若某节点坐标为(x,y,z),锚节点坐标为(x_i,y_i,z_i),节点分布如图 8 - 12 所示(其中 O 为待测节点),则可得式(8 - 5),其中,d_a 为 OA 段长度,d_b 为 OB 长度,d_c 为 OC 长度。由该式可得节点坐标为

$$\left.\begin{array}{l}\sqrt{(x-x_a)^2+(y-y_a)^2}=d_a\\\sqrt{(x-x_b)^2+(y-y_b)^2}=d_b\\\sqrt{(x-x_c)^2+(y-y_c)^2}=d_c\end{array}\right\}\qquad(8-5)$$

$$\begin{bmatrix}x\\y\end{bmatrix}=\begin{bmatrix}2(x_a-x_c)&2(y_a-y_c)\\2(x_b-x_c)&2(y_b-y_c)\end{bmatrix}^{-1}\begin{bmatrix}x_a^2-x_c^2+y_a^2-y_c^2+d_c^2-d_a^2\\x_a^2-x_c^2+y_b^2-y_c^2+d_c^2-d_b^2\end{bmatrix}\qquad(8-6)$$

三边测量法的优势在于便于理解,算法简单,且重复性强,适合于计算机计算处理。但它的一个主要缺点在于对距离精度要求较高,否则就可能无法估计出位置信息。在测距精度较高的算法中,可以使用三边测量法进行估算,但当测距精度有一定误差存在时,则需要使用下面的最大似然估计方法来估计节点坐标。

(2)最大似然估计法。在实际的位置与距离测量中,由于网络节点的硬件条件、能耗限制和水下环境对测距的影响,通常所得到的距离信息并不十分准确,因此难以达到理想状态下几个圆交于一点的情况。这时为了进行坐标估计,就需要使用最大似然估计方法。最大似然估计方法的目的在于寻找一点,使该点与各锚节点之间的估计距离和测距距离最小,进而以该点作为未知节点估计位置。

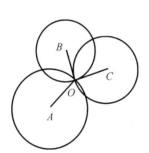

图 8 - 12 三边测量法

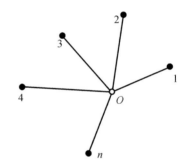

图 8 - 13 最大似然估计法

如图 8 - 13 所示,节点 $1,2,3,4,\cdots,n$ 的坐标分别为 (x_1,y_1),(x_2,y_2),(x_3,y_3),(x_4,y_4),$\cdots,(x_n,y_n)$。其与节点 O 的估计距离分别为 $d_1,d_2,d_3,d_4,\cdots,d_n$,设 O 点坐标为 (x_o,y_o),则类似于三边测量法,得到

$$\left.\begin{array}{l}(x_1-x)^2+(y_1-y)^2=d_1^2\\(x_2-x)^2+(y_2-y)^2=d_2^2\\\cdots\cdots\\(x_n-x)^2+(y_n-y)^2=d_n^2\end{array}\right\}\qquad(8-7)$$

用每一个方程分别减去最后一个方程,可得

$$\left.\begin{array}{l}x_1^2-x_n^2-2(x_1-x_n)x+y_1^2-y_n^2-2(y_1-y_n)y=d_1^2-d_n^2\\\cdots\cdots\\x_{n-1}^2-x_n^2-2(x_{n-1}-x_n)x+y_{n-1}^2-y_n^2-2(y_{n-1}-y_n)y=d_{n-1}^2-d_n^2\end{array}\right\}\qquad(8-8)$$

由此可利用最小均方误差估计方法,得到 O 点坐标。

最大似然估计法的优势在于它不需要非常准确的距离信息(实际中也无法获得),即可在测距误差不可避免的情况下最大程度地避免定位误差,且具有不错的定位精度。

(3)水声网络无需测距的节点自定位算法。在水声网络节点自定位算法中,除了需要采用距离信息的基于测距的自定位算法,还有一些无需测距的节点自定位算法。一般而言,基于测距的节点自定位算法具有较高的精度,但同时也会带来高的硬件和通信支出。在水下环境中通常使用单向和双向 ToA 方法进行测距,单向 ToA 测距需要锚节点和待测节点具有时间同步性,双向 ToA 则需要待测节点向锚节点回复信息,带来了高的通信开销以及时延。而无需测距信息的算法不需要复杂的硬件进行支持,但往往定位精度要低于基于测距信息的定位算法。

相较而言,无需测距信息的定位算法原理与实现方式多种多样,例如 DV - HOP 算法是基于估计距离的算法,而质心算法、APIT 算法等均利用区域质心来估计位置,此外,还有许多无需测距的定位方法,无法一概而论,因此这里就不一一介绍,感兴趣的读者可以自行查找有关书籍或论文。

8.2.3　水声网络的最优布放技术

节点部署问题是水声网络研究的又一项关键技术,良好的部署策略可以优化网络空间资源的分配,进而更好地进行环境感知、协议执行和信息的有效传输。所谓节点部署,就是在指定的监测区域内,通过适当的方法布置无线传感器网络节点以满足某些特定的需求。节点部署是传感器网络进行工作的第一步,它直接关系到网络监测信息的准确性、完整性和时效性。合理的节点部署不仅可以提高网络工作效率、优化利用网络资源,还可以根据应用需求的变化改变活跃节点的数目,以动态调整网络节点的节点密度等参数。此外,在某些节点发生故障或能量耗尽失效时,通过一定策略重新部署节点,可以保证网络性能不受大的影响,使网络具有较强的鲁棒性。

在水声网络中,无线传感器网络的节点部署必须考虑以下因素。

(1)在保证网络的连通性的条件下对监测区域完全覆盖。对监测区域的完全覆盖是获取监测信息的前提;由于地形起伏或障碍物的存在,有时即使满足了覆盖条件,也不一定能够保证网络的连通,而对节点数量的优化削减,则使得同时实现网络的覆盖和连通更加具有挑战性。

(2)较低的节点能耗。即控制节点的发射功率和接收功率,最大化地延长网络的寿命。水声网络节点依靠电池供电,电池的耗尽也就意味着节点的失效。由于节点所处环境具有特殊性,且有时节点工作的环境还具有隐蔽性要求,这使得更换电池变得十分困难。因此,网络节点在部署时也应考虑到收、发距离等因素对网络通信系统能源的消耗。

(3)信息的实时性与可传输性。由于水声网络主要用于海洋监测、探测与海洋观测之中,传感器获取的信息必须能够准确及时地传递到信息的使用处理终端,因此,水声网络部署时,节点间距等因素也应被事先考虑。

综上所述,评价节点部署算法的性能指标主要包括网络覆盖性、连通性和能耗三个方面。其中,网络覆盖性的指标主要包括网络覆盖程度(所有节点覆盖面积的总和与整个监测区域面积之比)、网络覆盖时间(监测区域被完全覆盖时,所有工作节点从启动到就绪所需时间)和网络覆盖盲区(对给定的监测区域和传感器节点集合,若监测区域内任意一点都可被 k 个节点覆盖,则称该区域无覆盖盲区,或实现了 k 重完全覆盖)[5];连通性指标主要包括网络连通性能(任意两节点的连通性)和路由连通性能(按照某种路由协议优化后任意两节点之间的连通性）；系统能耗指标则包括实现网络覆盖所需能耗及网络连通所需要的能耗。

根据模型维数的不同，节点部署问题可以分为二维节点部署和三维节点部署。根据节点布放方式的不同，节点部署问题可以分为随机部署、确定部署两类。随机部署采用随机播撒的方式布放网络节点；确定部署则将各个节点布放在预先指定的位置，进而能够更好地完成网络的整体规划。根据节点可否移动，可以把节点部署算法分为移动节点部署算法、静止节点部署算法和异构/混合节点部署算法 3 类。

在实际应用中，则应该根据不同的自然环境与工作环境，有针对性地选择节点部署的方法。例如针对规模较小、环境状况稳定而良好、便于人工到达的区域，可以选择确定部署的静止节点部署算法手工布放节点，以达到降低成本的目的。而在深海信息网络中，由于海洋环境的特殊性和恶劣性，可能需要使用移动节点的自适应、自组织部署方法才能满足网络需求。在实际部署时，应当有目的性地选择最适合当前部署环境和工作要求的算法，才能达到较理想的效果。

参考文献

[1] 许肖梅.水声通信与水声网络的发展与应用[J].声学技术,2009,28(6):811-816.

[2] 李正宝,杜立斌,刘杰,等.海底观测网络研究进展[J].软件学报,2013,21(1):148-156.

[3] 葛青.水下目标识别中的数据融合技术[D].哈尔滨:哈尔滨工程大学,2008.

[4] 张宾,孙长瑜.水声信号处理中的多传感器数据融合[J].传感器与微系统,2007,26(1):48-53.

[5] 刘彬,许屏,裴大刚,等.无线传感器网络节点部署方法的研究进展[J].2009,15(8):10-14.

附录 英文缩写对照表

ABEL(Abyssal Benthic Laboratory) 深海海底实验室

ACK(ACKnowledgement) 确认

ADS(Advanced Deployable System) 高级可部署系统

ALAN (Acoustic Local Area Network) 水声局域网

ALOHA-CS(ALOHA with Carrier Sense) 载波侦听 ALOHA

AoA(Angle of Arrival) 到达角度法

AOSN (Autonomous Ocean Sampling Networks) 自适应海洋采样网络

ARENA(Advanced Real-time Earth Monitoring Network in the Area)

先进实时地球监测网络

ARQ(Automatic Repeat Request) 自动请求重传

ARP(Address Resolution Protocol) 地址解析协议

AUV(Autonomous Underwater Vehicle) 自主水下航行器

AWGN(Additive White Gaussian Noise) 加性高斯白噪声

BA (Base Angle) 基准角度

BEB(Binary Exponential Backoff) 二进制指数补偿

BER(Bit Error Rate) 误码率

CA (Current Angle) 当前角度

CDMA(Code-Division Multiple Access) 码分多址接入

CLD(Cross Layer Design) 跨层设计

CR(Contention Round) 竞争期

CRC(Cyclic Redundancy Check) 循环冗余检验

CSMA(Carrier Sense Multiple Access) 载波侦听多址接入

CSMA/CA(Carrier Sense Multiple Access with Collision Avoidance) 载波侦听/冲突避免

CSMA/CD(Carrier Sense Multiple Access with Collision Detection) 载波侦听/冲突检测

CTS(Clear To Send) 允许发送

DACAP(Distance-Aware Collision Avoidance Protocol) 距离感知冲突避免协议

DADS(Deployable Autonomous Distributed System) 可部署分布自主系统

DBR(Depth Based Routing) 水深路由

DCF(Distributed Coordination Function) 分布式协调功能

DFE(Decision Feedback Equalization) 判决反馈均衡

DFWMAC(Distributed Foundation Wireless Media Access Control)

分布式无线媒质接入控制

DFR(Directional Flooding-Based Routing) 定向泛洪

DIFS(Distributed Inter Frame Space) 分布协调功能帧间间隔

DSR（Dynamic Source Routing） 动态源路由协议
DTDMA（Dynamic TDMA） 动态时分多址接入
DVA（Distance Vector Algorithm） 距离矢量算法
EH（Extended Header） 扩展头
EOT（End of Transmission） 控制字符
ESONET（The European Sea Floor Observatory Network） 欧洲海底观测网计划
FBR（Focused Beam Routing） 波束聚焦路由
FCS（Frame Check Sequence） 帧检验序列
FDMA（Frequency-Division Multiple Access） 频分多址接入
FDS（Fixed Distributed System） 分布式固定系统
FEC（Forward Error Correction） 前向纠错方式
FSK（Frequency-Shift Keying） 频移键控
GPS（Global Positioning System） 全球定位系统
GSM（Global System for Mobile Communication） 全球移动通信系统
HARQ（Hybid Automatic Repeat Request） 混合自动请求重传
HSR-TDMA（Hybrid Spatial Reuse TDMA） 混合空间复用 TDMA
IDMA（Interleave-Division Multiple Access） 交织多址接入
IEEE（Institute of Electrical and Electronics Engineers） 美国电气电子工程师协会
IFS（Inter Frame Space） 帧间间隔
IP（Internet Protocol） 网络互连协议
LAR（Location Aided Routing） 位置辅助路由
LDPC（Low-Density Parity Check） 低密度奇偶校验码
LLC（Logic Link Control ） 逻辑链路控制
LMS（Least Mean Square） 最小均方
LSA（Link State Algorithm） 链路状态算法
LSP（Link State Packet） 链路状态分组
LT（Luby Transform） Luby 变换
MACA（Multiple Access Collision Avoidance） 冲突避免多址接入
MAI（Medium Access Interference） 媒质接入干扰
MANETS（Mobile Ad hoc Networks） 移动自组织网络
MAP（Maximum A Posteriori Probability） 最大后验概率
MARS（Monterey Accelerated Research System） 蒙特利尔增强研究系统
MAST（Marine Sciences and Technology） 海洋科学与技术
MFSK（Multi Frequency Shift Keying） 多进制频移键控
MIT（Massachu-setts Institute of Technology） 麻省理工学院
MLSE（Maximum-Likelihood Sequence Estimation） 最大似然序列估计
MTU（Maximum Transfer Unit） 最大传送单元
NAV（Network Allocation Vector） 网络配置矢量
NOAA（National Oceanic and Atmospheric Administration） 美国国家海洋与大气局

NRC(National Research Council)	美国国家科学委员会
NS(Network Simulator)	网络仿真器
NSF(National Science Foundation)	美国国家科学基金会
OFDMA(Orthogonal Frequency Division Multiple Access)	正交频分多址接入
OOI(Ocean Observatories Initiative)	海洋观测行动
OSI(Open System Interconnection)	开放式系统互联
PCF(Point Coordination Function)	点协调功能
PCAP(Propagation Delay Tolerant Collision Avoidance Protocol)	
	传播时延容忍冲突避免协议
PIFS(Point Inter Frame Space)	点协调功能帧间间隔
PLAN(Protocol for Long-latency Access Networks)	长时延网络接入协议
PLUSNET(Persistent Littoral Undersea Surveillance Network)	近海水下持续监测网络
P-MAC(Preamble-MAC)	前导码 MAC
PPP(Point-to-Point Protocol)	点到点协议
PSK(Phase-Shift Keying)	相移键控
PULRP(Path Unaware Layered Routing Protocol)	路径未知分层路由协议
QAM(Quadrature Amplitude Modulation)	正交幅度调制
QOS(Quality Of Service)	服务质量
RERR(Route Error)	路由错误
RF(Radio Frequency)	无线电频率
RLS(Recursive Least Square)	递归最小二乘
ROBLINKS(Long Range Shallow Water Robust Acoustic Communication Links)	
	浅海长距离稳健声链路
ROV(Remote Operated Vehicle)	遥控式潜水器
RREP(Route Reply)	路由回复
RREQ(Route Request)	路由请求
RREQ ID(Route Request ID)	路由请求标识
RSC(Reed-Solomon Code)	里德所罗门码
RTS(Request To Send)	请求发送
SDMA(Space-Division Multiple Access)	空分多址接入
SIES(Short Inter Frame Space)	短帧间间隔
SINR(Signal to Interference and Noise Ratio)	信干比
SLIP(Serial Line Internet Protocol)	串行线路因特网协议
SNR(Signal Noise Ratio)	信噪比
SOH(Start Of Header)	控制字符
SOSS(Soviet Ocean Surveillance System)	苏联海洋监测系统
SOSUS(The Sound Surveillance System)	声监测系统
SWAN(Shallow Water Acoustic Communication Network)	浅海声通信网络
TCP(Transmission Control Protocol)	传输控制协议

TDMA(Time-Division Multiple Access)　　　　　　时分多址接入

TDOA(Time Difference Of Arrival)　　　　　　　到达时间差法

TOA(Time Of Arrival)　　　　　　　　　　　　到达时间法

UAN(Underwater Acoustic Network)　　　　　　水声网络

UUV(Unmanned Underwater Vehicle)　　　　　　水下无人航行器

UWD(Under Water Diffusion)　　　　　　　　　水下分发

VBF(Vector Based Forwarding)　　　　　　　　矢量转发路由

VDL(Virtual Distance Level)　　　　　　　　　虚拟距离级别

VENUS(Victoria Experiment Network Under the Sea)　维多利亚海洋网络实验

WHOI(Wood's Hole Oceanographic Institution)　伍德霍尔海洋学研究所

WSN(Wireless Sensor Nerworks)　　　　　　　无线传感器网络

ZRP(Zone Routing Protocol)　　　　　　　　　区域路由协议